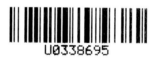

后浪

何谓“性资本”

关于性的历史社会学

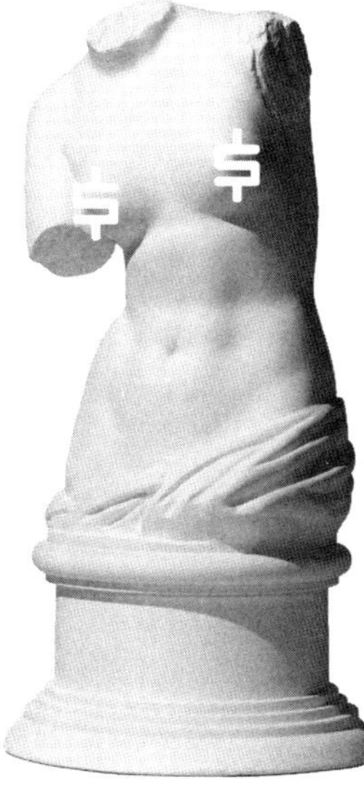

WHAT IS SEXUAL CAPITAL?

DANA KAPLAN AND EVA ILLOUZ

[以]达娜·卡普兰 [法]伊娃·易洛思 著 汪丽 译

上海三联书店

这里所述的也只是后工业、全球性和媒体化时代的一些快照……我将称此一时代为**医药色情时代**（pharmapornographic）。**"医药色情"指的是，在性主体性**（sexual subjectivity）**上运作的一种生物分子（医药）式和符号－技术（色情）式的管理过程**……在性或性身份中已没有什么新知识可供人们发现的了；就其**内部**而言是如此。性的真相不在于揭露（disclosure），而在于**性设计**（sexdesign）。医药色情时代的生物资本主义不会生产任何**事物**。它所生产的，是流动的思想、鲜活的器官、符号、欲望、化学反应和人之灵魂状况。在生物技术和色情通讯中，并没有需要被生产的客体对象。医药色情商业是**对一种主体的发明**，接着，便是它在全球范围内的复制再生产。

——保罗 · B. 普雷西亚多[i]，

《睾酮瘾君子：医药色情时代的性、

医药与生命政治》（*Testo Junkie*），

第 33—36 页

i　保罗 · B. 普雷西亚多（Paul B. Preciado，1970—　），出生于西班牙，是一位哲学家、作家、导演、策展人和跨性别社会行动者，著有《天王星上的公寓》等。（若无特别说明，本书脚注均为译者注。）

目 录

第一章

导论：性与社会学隐喻

近来，有两位社会学家呼吁，希望社会学对于人类社会的解释能够更加谦逊、更加有雄心壮志，同时也要更加有趣怡人。[1]他们坚称，尽管社会学不能让世界变得更美好，但它可以通过其理论、概念和隐喻等，给人们提供一些理解世界的新颖方式。在本书中，我们详尽研究了一个现已获得大量关注的社会学隐喻——性资本。除了社会学家、性别研究学者和性研究人员之外，这一术语也正在被越来越多的普通人使用。在日常谈话中，性资本已成为一个常用比喻，用来表达如何应对“我们这个被性感化的世界”（our world made sexy）对个人和社会产生的一些现实影响，以及人们应如何“设法累积”（make do）性资本。[2]

将资本一词用于像性（sexuality）[i]这样一个领域，可能会

---

i 英语中“sexuality”一词有多重含义，广泛而言，它包括与性（sex）有关的一切，中国学者目前尚无统一的译法。例如：表有性状态时可译作“性征”“性态”“性特性”；表性能力时可译作“性欲”“性行为”“性能力”“性欲特质”；表性倾向时可译作“性向”“性取向”“性倾向”。学术研究中也有时译作“性”“性学”“性存在”“性状况”“性本性”等，本书中将其简单且权宜地译作“性”，有时也将根据特定情况择用学术译著中常见译法“性态”或“性学”（如“sex and sexuality”一起出现时，将译为“性与性态”），后文中表不同含义时会采用相应的合宜译法。

使大众产生疑虑：毕竟，通俗而言，性不就是一个充满快乐、自我弃置、即兴发挥和嬉闹玩乐的领域吗？我们为什么要把它与资本这一经济社会学隐喻联系起来呢？这是因为，性总是处在“社会之中”，并会受到不断变化的社会力量的制约和影响。例如，三大一神论宗教[i]都曾对性有过严苛的规范，使其成为代表纯洁的意识形态、家庭和政治权力的核心。概言之，在关于自我的理想中，性的出现方式总是具有社会性的。如果说性在传统世界中是由宗教塑形的，那么，在现代晚期，它主要是与经济领域交织在一起的。

性资本之隐喻认为，性是一种可用于未来获益的资源，其运作方式远不止性活动这一种。与那些（至少在理论上）被广泛认同和接受的“概念”有所不同，“隐喻”更加开放，也不那么精准。但它们具有某种工具载体性质，而且，有时候，正是由于概念上的不精准，它们才能够更好地契合社会学家的想象。[3]目前，尽管性资本这一隐喻已经十分流行，但总体而言，对它的理论研究仍有所欠缺。

在常见的社会学用法中，性资本指的是人们在投入金钱、时间、知识和情感能量来构建和增强他们的性自我（sexual

---

i　指的是犹太教、基督教和伊斯兰教，三者关系密切，一般认为后两者起源于前者，有时又统称亚伯拉罕诸教，因为它们的宗教故事中都有亚伯拉罕这个人物。

self）——他们与性有关的身份——后可能得到的回报。有些人会选择去做外科整形手术来美化他们的面部或身体，另一些人则会去购买流行的性指南，或者加入一些“勾引社群”（seduction communities）[i]，来将他们的性主体性训练得更为自信。这些不同类型的、在性自我方面的投资，都可能会为“投资人”创造一个更有利的地位，使其在对他人身体的性接近（sexual access）方面更具竞争优势。而这种性竞争所导向的，可以是最大化的性享乐，也可以是那种因被他人所欲求而产生的纯粹精神享受。

在本书中，我们将介绍四种不同类型的性资本，以及它们兴起、繁盛，有时又减弱衰退的时期的各种历史状况。我们还将进一步提出，在新自由主义环境下，这些类型的性资本发生了变化，从而催生了各种社会现象。例如，代表了创意、趣味与合作的高科技精英人士理想的硅谷性派对，以及盛行于中上阶层的生殖器整形手术；这些转变甚至影响了一些性工作者的观念，让他们相信，通过提供性服务，他们能够收获自尊并培养情绪适应能力和其他的就业技能。[4] 透过资本的视角，我们详尽分析了新自由主义的资本主义

i 美国亚文化社群，成员多为异性恋男性，他们声称自己曾是异性交往方面的失败者，直到他们掌握了个中诀窍，成了“搭讪艺术家”（PUA）。他们会在“勾引社群”中进行技术学习与经验分享。——编者注

（neoliberal capitalism）对性和性态的影响。“新自由主义的性资本”是我们所命名的，它指的是，人们能够从性接触（sexual encounter）中获得自我认同与自我赏识，并且能够利用这种自我价值来提升就业竞争力。

可以肯定，性能够增加个人的自我价值这一想法，也并不新颖。毕竟，《唐璜》[i] 中的同名主人公就为我们提供了一种男性气质的范式：性征服本身就是其行动的目的，它们独立于婚姻和社会制度之外，因为它们本身就能够赋予自我以价值。唐璜身上所体现的是一种越来越独立于教会权力的男性气质特性，它只被一种能力所定义，即激起女性的欲望并满足主体自身欲望的能力。这类男性气质似乎是作为一种对女性的统治形式而出现的，也就是说，像唐璜这样的男人会毁掉女性的名誉，并让她们在婚姻市场中失去唯一可仰赖的资源——童贞（virginity）。然而，至少在莫里哀的戏剧和莫扎特的歌剧中，唐璜这个角色受到了上帝本人所施加的惩罚，这表明，要想让系列持存的性（serial sexuality）为自我带来一种社会认可的价值，它就必须在社会的、规范性的秩序中发挥效用。事实上，在基督教占据主导地位的时代里，女性

i 唐璜是西班牙中世纪神话中家喻户晓的浪荡子，以英俊潇洒及风流倜傥著称，一生周旋于无数贵族妇女之间，过着放荡不羁、寻花问柳、诱惑女性的生活。在文学作品中，唐璜一词多为“情圣”的代名词。

被默认地定义为一种性资本，即贞操（chastity）。在传统的婚姻市场中，女性（在较小的程度上，也包括男性）的名声，取决于其童贞之身。因此，贞操——尚未发生性活动——就起到了重要的作用，它作为该名女性遵从基督教理想的标志，增加了她在婚姻市场中的价值。在默认的情况下，性在择偶方面发挥着重要作用，因为在传统社会的婚姻市场中，名誉和经济资产是对准配偶的两大考量标准。在许多方面，唐璜所挑战的，正是这种保护女性免受掠夺者侵害的规范性秩序。因此，唐璜的性也一直受到基督教父权制规范的高度限制。要想让某种发展完备的性资本出现，性就需要独立于宗教之外，并实现其自主自治。[5] 性资本的形成之所以成为可能，是由于管控性的社会规范和禁忌的松懈，以及性被越来越多地纳入经济领域之中。当性被经济策略所构建、能够产生经济优势，并成为经济领域本身的关键所在时，我们便说，这是在新自由主义的文化中组织起来的性资本，或者称其为新自由主义的性资本。

我们对新自由主义的性资本的理解，应该与以下三种在讨论性与资本主义的关系时常被提到的主要观点区分开来。这三者分别是：一、性是对性别失衡状况的补救矫正；二、性身份（sexual identities）是性公民身份（sexual citizenship）的一个政治宣传阵地；三、对于性的商品化或者说性的货币化现象的批评。下面就让我们对它们一一进行简要介绍，并说明我们对新自由主义性资本所采取的研究方法与这三者有何不同，又是如何对它们进行完善或补充的。

首先，我们反对社会学家凯瑟琳·哈基姆[i]提出的关于性资本的一种广为人知且颇有争议的概念——情欲资本（erotic capital）。哈基姆将其定义为一种女性可以在劳动力市场和亲密关系中加以利用的（明显女性化的）个人资产。在她看来，情欲资本包括“美丽、性感、活泼开朗、衣品好、魅力迷人、有社交技能以及性竞争力。它是身体吸引力和社会吸引力的一种综合体”——而这些，她坚称，都可以被当作筹码来获取更好的工作岗位或是在亲密关系中达成“更好的交易”。[6]凯瑟琳·哈基姆对情欲资本的理解，指向了一种真实存在且影响巨大的社会现实：作为人的一种属性的性（sexuality），正越来越被转化为一种经济资产。而使用、剥削和暴露（女性）身体的各种产业则凸显了这一现实。然而，在许多方面，哈基姆对性资本的定义仍然是较为粗糙且有限的。首先，哈基姆忽略了能够将性转化为资本的历史和文化进程。例如，在编纂美貌的标准并在社会领域中将美貌转化为资本方面，媒体行业一直是主力军，而这一过程也是由强大的经济利益

i 凯瑟琳·哈基姆（Catherine Hakim，1948— ），英国社会学家，以其提出的情欲资本或性资本概念而著称，代表作有《情欲资本》。

所驱动的。在将性资本视为“迷人有魅力的”女性的一种明显且不言而喻的属性时，哈基姆并没有问自己，为什么性吸引力能够在各种社会领域中发挥重要作用，而这些社会领域可以将其变为一种资本。其次，当哈基姆将性资本视为女性的一种属性时，她所接受和强化的，就不仅仅是一些性别刻板印象，还有女性遭到支配的方式——经由她们的身体。换句话来说，哈基姆所未能理解的一点是，如果说性是资本的一种类型，那也是因为，它所使用的属性同样维护了男性对女性的统治。正如凯瑟琳·麦金农[i]有力论证的那样，性之于异性恋关系，就好比是工作之于资本主义的生产者：性是男性剥削女性的特权场所。[7]或许，更令人惊讶的是，哈基姆对性资本的理解是基于这样一个假设，也即，存在一种天然的、生物学上的男性欲望，而女性可以利用它来提升自己的社会地位。哈基姆似乎没有注意到，利用女性来达到性目的，以及女性对自己的性的利用，一直以来都是最为压迫的父权制形式的一个组成部分，而不是对它的颠覆。父权制的典型特征恰恰是基于这样一个事实：对于贫穷和没有地位的

---

i　凯瑟琳·麦金农（Catharine MacKinnon，1946—　），美国激进派女权主义者、学者、律师和社会活动家。执教于密歇根大学法学院，并常年担任哈佛大学法学院詹姆斯·巴尔艾姆斯讲席教授，主要致力于研究国际和宪法框架下的男女平等问题，代表作有《未修正的女权主义》《迈向女权主义的国家理论》《言词而已》等。

女性而言，性几乎是她们用以获得地位及社会流动性的唯一手段——这一事实所反映的，正是女性被褫夺了应得的法律和经济权利。

我们没有轻率地将性资本视为一种赋予女性权力的方式，而是认为性资本并没有扭转那些在有关性的社会脚本中贯穿始终的性别压迫本质和关于性的臭名昭著的双重标准（尽管也有越来越多的证据表明，年轻女性的性正在变得更加具有能动性和更加受人欢迎）。同样，性资本也没有改变社会性别和性态在组织家庭劳动分工、工作场所的动态机制和社会的整体性别结构（sex-gender structure）中的关键作用。[8]

我们也偏离了第二种非常广泛的系列主张，即通过性公民身份这一解释性概念，以及将性少数群体纳入政治和社会斗争中的相关学术研究，将性与资本主义联系起来。[9]这一研究领域极其丰富，囊括了酷儿理论、政治思想和新自由主义社会学等内容，而在本书这短短的篇幅之中，我们显然不能对它进行详尽公正的研究。因此，我们将重点关注性权利主张与市场参与之间的关联。

一般而言，"性公民身份指的是，对性权利（包括自由表达、身体自主、制度纳入）和性责任（不剥削和不压迫他人）方面带有性别化和空间化的、具身的一些要求主张"。[10]一旦以这种方式来定义性公民身份，有一点就变得十分清楚了：

与性公民身份相关的一些议题——例如性暴力、性同意或者性工作者的权利等——就会与整个群体相关。[11] 然而，关于公民身份和性的广泛研究工作，主要集中在性少数群体所提出的法律平等的诉求之上——一开始就是如此，目前也在继续朝着这个方向发展。[12] 从理论上而言，性公民身份研究这一领域会比以前更加多样化，也会包含一些更广泛的议题，经由各种批判性角度提出（在下文中，我们就将对其中一种重要观点进行详细阐述）。尽管性公民身份的研究已经超越了性少数群体的正式权利议题，[13] 但是，“LGBTQ+”[i] 群体的解放性政治仍然是这一分支学科的关注点。[14]

在接下来的几页中，我们将简要讨论关于性公民身份的一种批判性观点。[15] 该观点认为，性权利的扩大化和性多样性的主流化，与新自由主义的资本主义大体上是齐头并进的。我们对这一观点的考察，也将为随后讨论我们提出的新自由主义的性资本的概念奠定基础。我们认为，这一概念为关于性公民身份的重要批判性观点补充了一个此前有所欠缺的层面。

那么，新自由主义的资本主义与性公民权的扩张之间，究竟有什么联系呢？根据上文提到的批判性观点，被重新定

---

i “LGBTQ+”即性少数群体，LGBTQ 是女同性恋（Lesbian）、男同性恋（Gay）、双性恋（Bisexual）、跨性别人士（Transgender）、酷儿（Queer）几个词的首字母缩略词。

义的酷儿性别身份会推动新自由主义资本主义的合法化，并起到维持及巩固其地位的作用。[16] 这种观点认为，性的民主化过程（sexual democratization）在接纳了某些人的同时，也排斥了其他一些人。[17] 而这反过来又会决定哪些人会被视为值得国家为其制定各项规定并对其进行保护，哪些人会被排除在外。[18] 如此划分之后，个体是否是应得权利的性公民这一界限就变得一目了然了，而这一界限也决定了不同个体与资本的不同关系。[19]

性公民身份明确决定主体与资本之间关系的一个领域是就业，另一个领域则是消费文化。在工作场所，一些“得体”的同性恋与酷儿表征似乎已经变得可以接受了。然而，跨性别和性别酷儿群体仍然很难进入中产阶级所从事的行业并拥有稳定的工作。[20] 同样，在消费和生活方式相关商品的领域中，新自由主义资本主义不仅“创造了一种被驯化的、消费主义的同性恋身份”，[21] 而且，正如罗斯玛丽·亨尼西[i] 所说，它也增加了“商品文化中的酷儿可视性”。[22] 酷儿激进主义的公开展示、在流行文化中对酷儿身份和其生活世界更加积极的呈现，以及将更广泛的酷儿存在进行“生活方式化”（lifestylization）塑造，[23] 都导致了酷儿的身份、具身风格和

---

i 罗斯玛丽·亨尼西（Rosemary Hennessy，1950— ），美国学者，莱斯大学教授，代表作有《利益与愉悦》。

其他文化符码及艺术制品的商品化。

消费文化与各种性公民身份之间的关系，也在跨国层面上运作着。有关性公民身份的一些项目，往往会落入克莱尔·海明斯[i]所说的“现代的诱惑”之中，而性宽容度（sexual tolerance）则标志着现代国家的民主水平和对全球商业的开放程度。[24]贾斯比尔·普尔[ii]创造了著名的“同性恋民族主义”（homonationalism）一词，“以便理解对于同性恋主体的‘接纳’和‘宽容’，是如何成为评估国家主权权力及能力的晴雨表的”。[25]此外，在全国范围内对性少数群体的宽容，可能会被利用以谋取利益——例如同性恋旅游。特拉维夫就是一个很好的例子，这座城市被视为同性恋之都，而它恰位于一个施行暴力军事占领的国家之中。[26]

总而言之，我们刚刚所概述的性公民身份的关键前提似乎在表明，改良主义者和包容并蓄的性政治，除了大肆宣传“进步的新自由主义”等流行语之外，什么也做不了。“性多样性”和“赋权”等概念，只是资本逐利性的遮羞布。[27]南

---

i 克莱尔·海明斯（Clare Hemmings），英国伦敦政治经济学院（LSE）性别研究系教授，代表作有《双性空间》。

ii 贾斯比尔·普尔（Jasbir Puar，1967— ），美国哲学家、酷儿理论家，罗格斯大学妇女与性别研究系教授及主任，代表作有《恐怖分子集群》《酷儿旅游》。

茜·弗雷泽[i]认为，这些性斗争实际上有助于“从市场角度重新定义性解放”，可谓简明扼要。[28]这并不是说，对主流性权利运动、性多样性政策和性现代化冲动所做的所有批评都是一致的。我们已经指出，这些批评普遍认为，性公民身份“对资本和社会权力采取了一种过分迁就的立场”；但是，在探讨由市场影响的性解放运动是否有政治作用时，它们之间也存在着分歧。[29]

虽然我们倾向于认同弗雷泽的观点，因而也就不赞成将性自由的前景视为必然要在政治上越界，[30]但我们也认为，对性公民身份的批评——例如我们所回顾的那些——作为新自由主义背景下的性学理论过于笼统了。这是因为它们未能准确表明，性别身份，无论是边缘的还是霸权的，是**如何**被收编到新自由主义的资本主义之下的。的确，一旦性公民身份得以确立，它就是主体在与国家和市场打交道时其公民身份的一部分。但正如我们所做的那样，有必要去解释在新自由主义环境下，人们可以利用，并真正去利用这些权利来做些什么。[31]换句话来说，性接纳和性排斥的结构模式维护了资

---

i 南茜·弗雷泽（Nancy Fraser，1947—　），美国哲学家，美国社会研究新学院哲学与政治学系的教授。作为西方马克思主义中法兰克福学派第三代的代表，弗雷泽既是著名的政治哲学家，也是激进的女权主义者，她的正义理论是一种具有多元视角的理论，结合了批判理论、女性主义与解构主义等思潮，代表作有《女性主义、资本主义和历史的狡计》。

本主义体系——使它合法化，或者通过消费文化扩充了它的边界，但仅仅理解这一点是不够的。与此相反，一旦我们将性权利理解为种种资源，问题就出现了：真实具有性特征的（sexed）公民，无论酷儿与否，是如何利用这些资源，甚至将它们变现的？

我们提出的一个替代概念是新自由主义的性资本，该概念建立在一个抽象观念之上，即资本主义利用了被解放并被重新定义的集体性身份（collective sexual identities），但也超越了这一观念。性资本的概念之所以有用，正是因为它同时承认（可感知的）性自由的可能性和如下这一事实：用温迪·布朗[i]的话来说，即“随着新自由主义的理性（neoliberal rationality）成为我们无处不在的常识”，[32]个体的自由不仅已与市场自由相兼容，实际上也成了它的一种延伸。[33]简单来说，如果仅仅指出市场自由和政治自由之间可互换，就忽略了新自由主义的理性已经改变了自由的含义这一事实。再次借用温迪·布朗的话：“相反，自由已经成为追求私人目的的同义词，理所当然地免受监管，此外，对自由的运用主要是为了提高个人或公司的价值、竞争地位或市场份额。”因此，我们

---

i 温迪·布朗（Wendy Brown，1955— ），美国政治学家，加利福尼亚大学伯克利分校的政治学荣休教授，也是著名思想家朱迪斯·巴特勒的伴侣，代表作有《毁掉民主》《新自由主义的废墟》等。

需要阐述的，就不仅仅是性和性态的商品化过程（当然，我们仍会在稍后详述这一部分），还有性自由本身是如何提高某些主体的经济价值的。[34]

最后，我们提出的**新自由主义的资本**的概念，也与另一套批评性和性态的商品化的论点大为不同。在前述关于性公民身份的讨论中，我们重点讲述了有关基于市场的性接纳和权利主张的政治辩论。现在，我们将转而去解释，为什么对消费文化的批评并不足以说明性和性态对新自由主义的资本主义堡垒所做出的贡献。

根据性的商品化的观点，当代性态类型的主要问题是，性并没有解放人类，而是成了另一个被资本主义征服的领域。简而言之，批判理论家认为，作为现代资本主义向消费方向转变的一部分，一个“欲望着的主体”业已形成；此外，在这个释放性欲力量和创造新的消费需求的持续性过程中，性既成了一种商品，也成了出售其他商品的手段。[35]那些在各种生活方式市场中被出售给消费者的性玩具、色情小说或浪漫野游等繁多的商品便是明证。[36]正如肯·普卢默[i]所指出的那样，有五个主要的“消费性态的连锁市场”。[37]它们分别是：性化“肉体”市场（例如性旅游/买春团）、[38]性爱表征市场（例如

i 肯·普卢默（Ken Plummer，1946—2022），英国社会学家，埃塞克斯大学社会学教授，代表作有《叙事的力量》《世界主义的性学》等。

色情书刊和音像制品）、性化技术市场（例如药物“伟哥”）、性化物品市场（例如性玩具），以及性关系市场（例如密宗性爱工作坊以及“勾引社群”等）。

性产业占据了巨大的市场份额。它创造了数以十亿计的利润，提振了公司收入和国民经济发展（色情产业转移到了互联网平台，并已经融入了数字资本主义之中）。性意象渗透到了公共领域之中，而且这一文化的性化（sexualization）过程具有重要的社会影响。[39]然而，我们认为，尽管性的商品化和文化的性化这两个相辅相成的过程具有中心地位，我们仍应该对性在社会中所起的经济作用进行扩展研究。我们对性商品化的不断扩张和可见化过程持批评态度，但让我们更为感兴趣的，是性主体性以及实际的性体验与性互动，而不是性化的物品和商品，尽管它们在这些性互动中占据着越来越重要的作用。正是因为性如此普遍和可见、充足和易得，与个人本真性（personal authenticity）和个人自由的自由主义理想难舍难分，同时又具有极度商品化的特征，我们才可以说，性资本标志着一个囊括了不同能力的复杂系统，它能够提升个体的价值。因此，我们要问：在一个看似性充足（sexual abundance）的世界里，所有人都理应享有很多美好而愉快的性，那么一些人是否可以利用性来为他们自己增加更多的市场价值？如果这种情况是真实存在的，其原因何在？在此，通过**性资本和情欲资本**的棱镜，我们将会完善对性的社会学分析。我们认为，性是一种不平等的形式，它在新自由主义的资本主义下以种种方式被制度化。我们没有问及资本主义是如何复制生产异性恋和性别化的性脚本和性叙事的，而是故意颠倒了这一问题；我们问的是，新自由主义的性及其可能产生的性资本，是以何种方式有助于资本主义再生产的。

分析当代西方社会资本主义结构原则的一种方法，是以安德雷亚斯·莱克维茨[i]为代表所提出的，它认为，自20世纪80年代以来，一种与之前普遍性的现代社会逻辑截然不同的“独异性社会逻辑”正在不断兴起。[40]我们不再处于量产商品的浪潮之中。与此相反，消费者会更青睐独特的、手工艺的、量身定制的商品。独异性的经济力量，还体现在资本主义进入“生活本身”的方式。资本主义融入了日常生活中，它吞噬了所有的独异性。其结果就是，生活本身变成了工作（例如，在优兔［YouTube］平台上更新作品）。可以论证的是，无论是在主体性上还是在市场中，性都是制定和复制新的独异性社会逻辑的关键场所。人们通常认为，性是日常生活中的独特插曲。作为一种独特的体验，性一般被认为在本质上

i　安德雷亚斯·莱克维茨（Andreas Reckwitz，1970—　），德国社会学家，文化分析家，代表作有《独异性社会：现代的结构转型》，下文中所有有关“独异性”（singularity）一词的译法，都采用安德雷亚斯·莱克维茨书中的“独异性”概念。

是非功利的：无论是为了生殖、使快乐最大化，还是维系亲密关系，性本身就是其目的。最后，由于其内在价值和独特性，性通常也与强烈的情感——如“迷恋、性唤醒、热情四溢和静谧的满足”——联系在一起。[41]

对此，我们仍然抱持怀疑态度。在处理新自由主义的性（neoliberal sexuality）这一颇有争议的领域时，我们不太倾向于像其他理论一样，对性的独异性持有一种“快乐的”社会学解释。[42] 与之相反，我们认为，尽管性领域仍然是施行带有性别化的性脚本以及能够复制或超越它们自身的一个关键场所（这与**哈基姆**的观点有所不同），性资本也可能与阶级相互关联，而关于两者间的交互运作方式，社会学家目前尚未完全把握。性资本在被称为新自由主义的社会和政治秩序中发挥着作用，而新自由主义是万金油式的概念，它强调的是在日益放松管控的市场中与日俱增的个人责任。为了在市场上发挥最大作用，这样一个高度负责的个体就必须调动她 / 他的心理装置（psychic apparatus），其中就包括性资源。在过去的三十年里，社会学家坚称，我们如果要充分考虑新自由主义化的种种危险，就必须重拾阶级分析的方法。许多分析家都认为，阶级不仅仅是来自上层的结构性和客观性力量；至关重要的一点是，阶级也是心理层面的，因为阶级是通过主观性本身，通过存在于肉身之中并能够体验各种情绪来发挥效用的。但是，主观性在阶级形成和阶级再生产中究竟起了何种作用，还没有得到充分的研究。尽管如此，针对那些艺术创意领域和具有文化“热情”的、有着大量心理层面投入的职业，人们正开展着有前景的研究工作。近来的研究令人信服地说明，中产阶级的创意工作者看不到其工作的外在意义。因此，随着现今的工作变得极为动荡和不稳定，它要求工人拥有极高的热忱和极大的适应性，工作也进而成了工人真实自我的一种深刻表达。[43] 因此，就业竞争力（employability）恰恰取决于个人职业忠诚度及其心理上的热情投入水平。米谢勒·拉蒙特[i] 近来提出，培养自我价值、主观幸福感、良好的情绪适应能力可能是对抗日益严重的结构和物质不平等的一种方式；由此提出了心理因素和社会因素间的联系。[44] 虽然我们强烈反对这种关于不平等的心理学解释，但我们坚定地认为，性确实已经成为人们培养自我价值感、情绪韧性和适应能力的一个重要场所。这种转变表明，新自由主义自我被要求利用它全部的技能和手段，以便进入到市场并在其中拥有竞争力。也就是说，性资本为我们创造了一个独特的视角，来了解主观经验和心理状态对（中产阶级）就业竞争力和阶级再生产所具

---

i　米谢勒·拉蒙特（Michèle Lamont，1957—　），社会学家，出生于加拿大，执教于美国哈佛大学社会学系，代表作有《金钱、道德与礼仪》《教授们怎么想》《工人的尊严》等。

有的重要作用。情绪倾向和性倾向（sexual dispositions）不仅在社会流动策略方面发挥着重要作用，在人们于工作场所中的自我定义方面也同样重要。

布瑞娜·法斯[i]和萨拉·麦克–克利兰[ii]近来呼吁，要在不断发展壮大的批判性性学研究领域中廓清基本概念。作为响应，在这本薄薄的书中，我们不仅会解释清楚性资本隐喻的内涵，同时还会进一步对它进行扩充。[45]以资本的视角来思考有关性的感受、反应、情感、身体、身份、话语、关系和商品，有可能会阐明在新自由主义的资本主义下，性生活和社会生活之间的微妙联系和矛盾所在。为了好好利用这种可能，我们将对性资本隐喻中一些较为常见且公认片面的用法提出质疑，并且，针对这种目前仍十分有效的思考性和性态的方法，进行一些我们认为重要的修正。在这项研究任务中，我们将争取做到既有雄心壮志，又保持谦逊克制。

一方面，说保持**谦逊克制**是因为，与关于性资本这一概念的一些更为著名的学术研究不同，我们对性资本隐喻的表述要更加现实。另一方面，我们的**雄心壮志**在于，我们试图通过研究性资本分配不均背后的阶级机制，来更好地理解“性与权力

---

i 布瑞娜·法斯（Breanne Fahs），美国亚利桑那州立大学的妇女及性别研究学教授，代表作有《女性、性与疯癫》。

ii 萨拉·麦克–克利兰（Sara McClelland），美国密歇根大学心理学系及妇女与性别研究学副教授。

之间的碰撞”。[46] 因此我们认为，性资本已经成为阶级制度再生产中的一大因素，并将在本书的后半部分对此进行论述。

性和性态的形成，经历了从现代到现代晚期的历史转变，而我们的研究就将从概述这一历史转变开始。在这次历史转变中，“好的性”与“坏的性”——前者指隶属于再生产 / 生育繁殖领域[i]（the sphere of reproduction）的性，后者指商业买卖的性——之间的现代划分被削弱了。另外，这一转变也为人们解释性如何生产经济资本奠定了历史基础。性生产经济资本主要有两种方式：通过性商品和性服务的直接方式，以及通过择偶实践或是通过创造主体及其主体性（creating subjects and subjectivities）的间接方式。此番在理论上和历史上的回顾，使我们得以提出新自由主义的性资本的概念，即工人能够通过个人的性体验提高就业竞争力。

---

i　再生产 / 生育繁殖领域（the sphere of reproduction），后文将简单把“reproduction”译为“再生产”。值得注意的是，马克思曾将“生育”定义为再生产领域，生育作为一个整体是劳动力再生产的一个必然环节，再生产的生产力与经济市场密切相关。

第二章

性自由和性资本

人人都有生理性别（sex），但并非人人都有性态（sexuality）。易言之，不是所有人的性器官都能准确定义他们自身和他们的行为，并且对他们的自我的健康幸福具有重要意义。在现代性中，性深刻地重新定义了人们的自我及身份。因此，我们不禁要和学者们一起发问：为什么我们会认为，性对于我们定义自己是谁如此重要呢？现代人认为，性和性态是与生俱来的欲望和驱力，[1] 由于其本身属性，也由于我们的身心健康需求，它们必须不断被培养并实践。性态中凝聚了自由的价值与实践，或者更准确地说，是个人自由的价值与实践。一方面，这是由于个人的自主性与自我实现之间有着密切关联；另一方面，性自由也是社会历史长期发展的结果。诚然，性自由现已成为现代西方社会的一项核心原则，它也是启蒙运动最引人注目的一份遗产，其影响“仍在不断地彰显”。[2] 社会学家亚当・以赛亚・格林[i] 也秉持这一思想，他在书中写道：

---

i 亚当・以赛亚・格林（Adam Isaiah Green），纽约大学社会学博士，多伦多大学社会学系副教授，代表作有《性领域》等。

> 在过去的两个世纪中，资本主义市场的增长、城市化以及女性社会经济地位的变化带来了广泛的结构性变革，再加上技术和文化的发展——包括节育技术的出现、互联网的普及、宗教影响的式微，以及性积极的文化规范（sex-positive norms）的兴起等，它们共同创造了一个性生活的领域，使性愈发摆脱了诸如家庭和教会等传统控制机构。[3]

因而，性自由是一套思想体系、一个价值多元的母体、一种文化理论架构，它也是一种对现代制度和社会关系——无论是亲密关系还是经济关系——都产生了重大影响的实践。米歇尔·福柯[i]在他极富影响力的著作中，将性自由视为关于自我的新形式的知识的一种结果（这在精神病学和精神分析学中体现得最为明显）。但正如伊娃·易洛思所说，性自由的思想和实践所奉行的，都是消费资本主义的主要社会形式和逻辑。[4]福柯或许是因为很想将他的思想同马克思主义区分开来，才会专注于研究关于性的知识谱系，而忽视了性背后庞大的经济基础以及经济的性化过程。性自由被纳入经济

i 米歇尔·福柯（Michel Foucault，1926—1984），法国哲学家、思想史学家、社会理论家、语言学家、性学家，代表作有《疯癫与文明》《规训与惩罚》《性史》《词与物》等。

和社会领域，继而演变成一种资本——一种分布不均的资源，并会在不同的社会历史环境中转化为各种不同的优势。在此，我们要问：性自由的现代理想采用了哪些资本类型？性资本这一隐喻又是如何捕捉到这些不断变化的资本类型的？

现代的性呈现双线进程特征：一方面，性在科学知识体系中被日益理性化和客体化；另一方面，性变成了一种个人属性、一种身份，也因此成为个人的、私密的财产，成为构成个体核心身份的一个方面。我们可以假定，性作为人类行为中相对独特的一个领域，逐渐自主化（autonomization）了，并对这一历史进程加以理论化分析，就像皮埃尔·布尔迪厄[i]分析文学及其他艺术场域的兴起时那样。[5]马克斯·韦伯[ii]对于他提出的六个价值领域[iii]之一的"性爱领域"的描述，就很好地说明了这种对性的现代性想象。在韦伯看来，性的逐渐崇高化（sublimation）与现代世界的日益理性化及智性化密不可分。因而，性就变成了一处避风港。要是没有性，人们就将

---

i 皮埃尔·布尔迪厄（Pierre Bourdieu，1930—2002），法国著名社会学家、思想家、哲学家和文化理论批评家，巴黎社会科学高等研究学院教授，法兰西学院院士，代表作有《区隔》《男性统治》《世界的苦难》《实践理论大纲》等。

ii 马克斯·韦伯（Max Weber，1864—1920），德国社会学家、经济学家，被誉为现代社会学的奠基人之一，代表作有《新教伦理与资本主义精神》《社会学文集》等。

iii 除了这里提及的性爱领域，韦伯划分的另外五个领域为宗教、政治、经济、美学和思想领域。

生活在一个冷冰冰的世界里：

> 只要这个领域和权威专家的那种不可避免的禁欲苦修特征有所抵牾，就会出现这种情形。性爱领域与理性的日常生活之间充满了张力，在这种紧张关系之下，特别是脱离了常态的婚外性生活，俨然是还能把人与一切生命的自然官能联系在一起的唯一纽带。这是因为，人类此时已完全摆脱了农民生活中那种古老、简单而朴素天然的循环。[6][i]

在韦伯看来，性所带来的这种“战胜了理性的愉悦”最终可以抵达人内心深处的（innerworldly）“纯粹动物性”，或者可以说，在性爱中，人通过“无限地付出自我”来摆脱理性的桎梏，获得一种彼岸式（otherworldly）的道德救赎。[7]通过此种方式，性爱便有可能将男性——从较低的程度上而言，也会将女性——从理性主义的劳碌中解救出来，来对抗资本主义锱铢必较式的冷漠。对韦伯而言，并且从某些方面来看，齐奥尔格·西美尔[ii]也同样赞成的是，性是一种“自我

---

i　本段译文参考了韦伯社会学文集的中译本，有删改。具体可参考［德］马克斯·韦伯：《马克斯·韦伯社会学文集》，阎克文译，北京：人民出版社，2010年，第329页。

ii　齐奥尔格·西美尔（Georg Simmel，1858—1918），德国犹太裔社（转下页）

声张，它对抗的是现代文明及后工业文明带来的异常扭曲的不良后果”。[8]因此，韦伯对性爱的净化功能及它与日常粗粝生活的区分进行了历史语境分析，认为性爱可以帮助人们抵御由理性化的资本主义发展带来的冷酷无情的官僚化。“男性的”（可能也是女性的）性欲，已摆脱了除它自身之外的其他任何目的。因此，尽管对韦伯（及其他几位社会学之“父”）而言，性仍然十足可疑，[9]但重要的是，如今，在社会学中，性已被看作一个独立的行为领域，而且，随着现代性的发展，性还会愈发重要。

现在，让我们假设存在一个真实的性自主化的历史过程，那么，我们感兴趣的问题将是：这一历史过程产生了哪些社会影响？要是整个社会和社会学家都日益将性当作它自身的目的，并且都认为性具有某些本质上的内在价值的话，那么，这种价值又来自何方？韦伯早已指出，性爱是一个会产生快感的领域；我们的研究则会更进一步：我们认为，这种性的自主化会带来更多的益处。

与韦伯不同的是，一些学者在记录社会中自主化性领域的出现时，主要是通过诉诸后传统主义（post-traditionalism）

（接上页）会学家、哲学家，是 19 世纪末 20 世纪初反实证主义社会学思潮的主要代表人物，著有《历史哲学问题》《货币哲学》《社会学的根本问题：个人与社会》等。

和发达资本主义（advanced capitalism）来解释的。[10] 在研究性自主化这一议题时，社会学家使用的一个重要方法就是去细察那些制约着浪漫爱情和婚姻关系的社会规约的变化。在《爱，为什么痛？》（*Why Love Hurts*）中，伊娃·易洛思介绍了一个类似韦伯所描述的过程。[11] 她认为，随着现代性的发展，“爱情也发生了重大的转变”，进而催生了能够自我调节的现代婚姻市场。这就意味着，曾经掌控族外婚（如择偶）规则的种族与宗教禁忌都被大大削弱了，如今，被选中的伴侣的“效用”已不是同以前一样仅仅和他的社会经济地位挂钩，也与他的精神、情感和性属性相关。要之，对伴侣的选择已越来越建立在性吸引力（sexual desirability）和精神契合度（psychological compatibility）之上。

在工业资本主义的资产阶级社会中，性既是研究对象，又是个人身份的场所。如韦伯所述，性被越来越多地作为一个脱离了经济市场的——即使不是完全自主的——非货币化实体来加以理解、想象和讨论。合宜的、“好”的性被认为是发生在家庭内部的，隶属于生物学和社会学层面上的再生产领域（这就是家庭存在的意义）。这里的规范性假设是，性和经济应该——或实际上的确——是相互分离的。有趣的是，在后来的20世纪20年代，即所谓的（第一次）性革命期间，上述理想却遭到了各种坚持改良主义的社会团体和思想家的谴责。他们中的一些人认为，性的家庭化（domestication of sex）是压制性的资产阶级道德的标志。在这方面，他们将性——如今被广泛形容为“受压抑的性”——与资本主义的生产方式重新联系在一起。这种思维方式的一个典型例证可以在维尔纳·桑巴特[i]那里找到，他在1913年写道，小资产阶级是纯洁禁欲（chaste）的，因为“他不想危及他的整个生存……他必然会得出这一结论，即大量债务以及他在娱乐和恋爱中所浪费的时间会使他沦为贫穷的乞丐”。[12]虽然性的“压抑”被认为是在为资本主义的利益服务（赫伯特·马尔库塞[ii]后来在他对单向度的人的批评中再次提到了这一主题），[13]但另一个进程也正在慢慢发生：其中，性解放会更为直接地服务于资本主义利益。

* * *

社会学家和其他性研究人员使用性资本的概念来说明，无论是在经济市场、婚姻市场还是在性接触中，拥有性主体

---

i 维尔纳·桑巴特（Werner Sombart，1863—1941），德国经济学家和社会学家，“历史学派”最后的代表人物，也是20世纪早期欧洲大陆最重要的社会学家，代表作是《现代资本主义》，该书中首次使用了“晚期资本主义”这一概念。

ii 赫伯特·马尔库塞（Herbert Marcuse，1898—1979），德裔美籍哲学家和社会理论家，法兰克福学派成员，代表作有《单向度的人》。

性、性经验及性互动——包括行为、感受和思想——的社会个体，都会利用这些来为自己增添优势。

我们想要将性资本与阶级和性别关系联系起来，并视性资本为获得社会地位和经济收益的一种方式。因此，我们加入了最近流行的一大研究趋势，即利用安德鲁·塞耶[i]所说的“一种激进的政治经济学”来重新考虑物质财富不平等的问题。一种激进的、有道德考量的政治经济学并不“局限于探讨有关平等和剥削的问题”，它还会带有一种强烈的“经济责任感”，并会“谋求公众福利”。[14]托马斯·皮凯蒂[ii]的著作是近来“回归对物质现实的审视”的一个典型例子。[15]这本可以是一种受欢迎的方法，然而，它的一大缺点是，它在很大程度上丢弃了资本一词原有的非经济维度方面的定义。[16]另一方面，我们进一步扩展了资本的概念，并在研究物质和性别不平等时使用了它非经济维度的、“未被净化过滤”的定义。[17]我们认为，性与不平等在当下紧密相连，而这种基于扩展后的资本概念的方法则非常适合揭示二者间的勾连方式。这是因为，正如安德鲁·塞耶所说，[18]复兴后的激进的政治经济学需要去

---

i 安德鲁·塞耶（Andrew Sayer，1949—　），英国社会学家，兰卡斯特大学社会理论及政治经济学荣休教授，代表作有《阶级的道德意义》等。

ii 托马斯·皮凯蒂（Thomas Piketty，1971—　），法国著名经济学家，巴黎经济学院教授，巴黎社会科学高等研究学院研究主任，主要研究财富与收入不平等，代表作有《21世纪资本论》《资本与意识形态》等。

调查市场、金钱和资本是如何侵入和改变人们的生活世界的。在本书的最后一章中，我们提出了一种观点：新自由主义的性资本是物质财富不平等得以长期存在的一种特定途径。不过，在对我们提出的四种性资本进行深入的类型学研究之前，我们将对性资本的一般性概念进行简要介绍。

第三章

什么是性资本?

截至目前，有很多种方法可以研究性资本这一概念。我们接下来要讨论的性资本的四种不同类型，是根据“性”和“资本”占有的不同比重来进行分类的。因此，在介绍“性资本”的这些不同类型之前，我们势必要对组成该术语的“性”和“资本”这两个关键部分进行定义和廓清。

性

研究性的历史学家瓦莱丽·特劳布[i]说，人们必须承认，作为“人类思想、意志力、行为和表征的一个范畴，性是不透明的、难以接近的，也是拒斥理解的”。[1]人们很难界定什么是性，什么不是性。特劳布接着说，这就是为什么历史学家——也许我们可以补充说，还有社会学家——很少会去描述性的具体内容。[2]对我们来说，性体验的领域是一个连续体，从欲望到实际的性行为、性动作和性能力，再到人们眼中的公共身份，都可以是性。[3]在我们的分类中，“性”（the

i 瓦莱丽·特劳布（Valerie Traub），美国密歇根大学英文系教师，研究方向为性别研究、性学研究等，代表作有《近代早期英国女同性恋的复兴》等。

sexual）指的是两个非常广泛的人类行动领域。首先，它泛指身体的性感（sexiness）和吸引力（attractiveness），即使身体受到他人渴求的基本特性。[4]目前，存在着一系列产业（如整形手术、性感内衣、健身塑形等等），它们都旨在让一个人于自己和他人眼中变得更有魅力，并由此在性方面取得更多的成功。若一个人被人认为是性感或美丽的，他在性方面的人气值（sexual popularity）就会提升，并会给其带来最大化的享乐。其次，"性"也泛指性体验和性表达的领域，这可以囊括"能够唤起我们性兴奋的一切"。[5]当然，在现实中，这两个领域是密切相关的。[6]然而，我们仍需要对它们单独加以分析。

性资本的隐喻最早是在对性少数群体社区和性亚文化的研究中提出的，[7]但若将其应用于异性恋关系的研究中，也是完全可行的。在过去的几十年里，随着多种关系模式和性方式（pairing and sexual arrangements）的出现，异性恋所具有的建构性和偶然性（contingent）变得愈加明显。[8]但是，异性恋仍然具有高度的制度化特征，并诉诸无尽的文化工作来重申其规范性。[9]因此，即使我们的讨论也与酷儿性态有关，我们的重点仍然是异性恋。这是因为：首先，即使异性恋关系模式已经逐渐松动，它仍然保留着过去的大部分道德特征；其次，与其他类型的性关系相比，异性恋在社会空间中的政治化程度较低；另外，异性恋通常被认为是自然的和私密的；

最后也是最重要的一点是，异性恋模式能够生产出最明显且最可感知的资本类型。

资本

我们所说的“资本”究竟是什么意思？在《资本论》第一卷中，卡尔·马克思指出，剩余价值是剥削由他人创造的劳动，而（经济）资本既是对剩余价值的占有，也是使其再次回到生产领域中的循环利用过程。[10] 在这个表述之中，“资本是一定量的商品或货币，当它与劳动相交换时，通过从劳动中榨取无偿劳动或剩余价值来获得其自身的再生产和扩大”。[11] 就资本与价值的分离而言，这已经是一种得到了扩充且更具流动性的资本概念了。马克思所定义的资本“通过货币、生产和商品这三种不同的资本形式在不断地流动。而这些资本形式中的每一种，都助长了一个相关的理解资本的特定方式——作为金融的资本、作为生产工具的资本，或是体现了超过投入成本的产出盈余资本”。[12] 因此，马克思接纳了——但也超越了——资本最初的、纯粹货币化的含义。根据杰弗里·霍奇森[i] 的观点，资本的含义最初只有纯粹的经济

---

i 杰弗里·霍奇森（Geoffrey Hodgson，1946— ），英国经济学家，拉夫堡大学伦敦校区经济管理系荣休教授，代表作有《资本主义的本质：制度、演化和未来》等。

维度，但它逐渐扩大了；现在，资本也包括非经济维度的资本类型（在他看来，这是不合理的）。[13] 在资本一词最初的、极简抽象的定义中，它仅指“货币或可转让财产的货币价值”，[14] 后来，如亚当·斯密[i] 和卡尔·马克思等政治经济学家以及如皮埃尔·布尔迪厄等社会学家将资本的定义进行了扩展，使其成为囊括了任何“有助于创造财富”[15] 的资源，包括经济资源和社会资源。

还存在其他一些扩展了资本概念的理论，它们刻意避开了劳动价值论和工人阶级，而是将其焦点转向了中产阶级以及能为中产阶级带来职业优势的各种经济指标（如文凭和专业技能）的组合体，或称为人力资本（human capital）。[16] 最后，当我们提出资本可以是非经济的——如文化资本和社会资本时，我们特别受到了布尔迪厄的场域理论以及文化转向理论的影响。[17] 以下资本类型都扩展了资本的概念：易洛思提出了情感资本（emotional capital）的概念，来讨论情感是如何被塑造、训练和表达，以成为人们参与职业竞争的一种方式的；拉蒙特则提出了道德资本（moral capital）的概念，它向我们展示了，自我和他人的道德称号（moral designation）是如何在某个领域内突出某人的价值和地位的。[18]

---

i　亚当·斯密（Adam Smith，1723—1790），英国经济学家和哲学家，代表作有《国富论》《道德情操论》等。

霍奇森批判性地总结了资本含义的扩大，或者说包罗万象化：到了 20 世纪 70 年代，“资本”一词几乎就开始适用于任何可以转化为经济效益的耐用品、财产、个人属性或社会关系——他声称，这种定义范围上的扩大，已经使“资本”一词失去了解释力度。[19] 尽管存在这种批评，我们还是采用了扩大后的资本定义，即认为资本的含义超越了其纯粹的货币领域，延伸到了（看似）非经济领域——例如性经验——的积累和投资。事实上，这种分析方法对于我们讨论性资本来说很重要，因为它认为，尽管性的不平等不能完全简化为社会和经济上的不平等，性领域仍是社会和经济不平等的一个组成部分。

我们扩大“资本”概念的第一个原因纯粹是定义上的方便。最近的研究表明，即使在经济学学科内部，学者们对于“资本”的含义也没有达成共识。经济学家安东尼·恩德雷斯（Anthony Endres）和大卫·哈泼（David Harper）在关于资本的现代经济思想的思想研究史中指出，在不同时期，经济学家口中的“资本”有着不同的隐喻。[20] 在整个 20 世纪中，又出现了一些新的不同方式来对资本进行理解和理论化分析，它们对于（经济）现实本质带有各自不同的本体论假设。然而，除了经济学家内部对“资本”的确切含义缺乏学科性共识这一原因以外，我们将资本的概念扩大到货币及明显的经济领域之外的第二个原因，是便于分析。经济学隐喻和社会学隐喻突出了经济现实及社会现实的**某些特定**方面，而忽视了其他一些方面。**这恰好解释了为什么我们需要一个扩大了的资本概念**：不同类型的资本对应着不同形式的不平等，以及人们积累（或无法积累）社会优势的不同社会模式，而这些社会优势首先是由种种社会不平等所造就的。[21] 对于洛朗·泰弗诺[i]来说，“资本变量的多样化，并不仅仅增加了资本的其他类型”。相反，多种类型的资本揭示了：

> 人们对他们的资产进行“资本转化”以及评估其所持资本的方式有着不可化约的异质性（the irreducible heterogeneity），我将这种多样性称为人们与他人、与自己以及与周围世界的“协调模式”（“modes of coordination”）。要是没有一个适当的协调模式来确定资本升值的特定模式，也就没有“投资收益”可言。[22]

如前所述，在社会学中被研究得最多的一种协调模式，就是与文化资本积累以及其所产生的利于中上层阶级的社会优势相关的协调模式。对文化资本的广泛研究主要集中在文

---

i 洛朗·泰弗诺（Laurent Thévenot，1949— ），法国社会学家，巴黎社会科学高等研究学院社会学教授，代表作有《重新思考比较文化社会学》等。

化社会学和教育社会学领域中，这些研究表明，通过家庭内部实践而在早期社会化过程中获得的意义和能力储备，影响了人们后续在教育系统以及后来的就业市场中的表现。[23] 文化资本也以特定阶级的消费和生活方式品位的形式，继续形塑着成年人的生活，而这些品位又作为地位和礼节的标志发挥着作用。[24] 布尔迪厄和其他遵循这种社会学逻辑的社会学家所提出的其他类型的资本，也同样深嵌在它们各自的特定社会领域和相应的协调模式之中。通过将资本的含义扩展到经济领域的货币投资和收益之外，社会学家们得以提出一种更为细致入微的研究方法，来指出各种结构性不平等之间是如何共同运作的：它们有时会相互重叠，有时又只是彼此增强。[25]

性资本

这就给我们带来了如何理解性资本的问题。具身的、个人拥有的性能力可能会产生什么样的优势？这些优势仅仅是有关性的，还是说，性资产也能产生非性方面的优势呢？并且，就像那些深受布尔迪厄的象征资本所启发的社会学家所提出的，如果它们确实可以产生非性方面的优势的话，这些优势又是否可以转化进入经济领域呢？[26] 在什么条件下，性资本能够变得具有经济价值呢？为了好好回答这一系列问题，下一章的论述前提将是性资本两个协调领域之间的基本区别，这两个领域分别是：**生产和劳动关系的经济领域**，以及**再生产的家庭内部领域**（性资本类型中的第一类）。然而，在从**作为身体剩余价值的性资本**（第二类）转向性感和**具身的性资本**（第三类）时，我们会发现，生产和再生产领域的划分将变得更加困难——不仅是在意识形态上（正如许多女权主义学者已经论证过的那样），[27] 在本体论意义上也是如此，而这仅是因为，新自由主义的资本主义模糊了以上两个领域。在当今时代，想要继续分别对物质生产领域和社会再生产领域进行分析已经很难了。在今天这个充溢着性的世界中，性工作与家庭内部“作为礼物的”性以及其他形式的劳动已经变得更加难以区分。而正是这些社会转变构成了**新自由主义的性资本**（第四类）兴起的时代背景。

第四章

性资本的分类：四种类型的性资本

现在，我们将转向性资本的类型学研究。我们的分类既是历史的，又是分析性的。在这方面，我们受到了南茜·弗雷泽的历史 - 分析式方法的影响。根据该研究方法，在资本主义发展的每个历史阶段，无休止的资本积累力量会周期性地与社会再生产实践产生矛盾，并常常会动摇其稳定性。[1]这种矛盾的实际历史表现虽各不相同，但其原因从未改变，它始终根植于社会的资本主义结构之中。因此，性资本的每一种类型都应该被视作社会再生产与资本积累之间的矛盾的特定历史形态的表达。

我们据此确立了性资本的四种类型，并将详细阐述它们在社会和经济关系中的使用和交换方式。这四类性资本分别是：

一、**默认的性资本：贞洁与家庭内部的性**（chastity and domesticity）。这一性资本类型体现为，如果一位女性“失去”了童贞，她在婚姻市场上的名誉就会遭到贬损。如此一来，贞洁（即没有发生性关系）就成了一种积极有利的性资本，会使女性在婚姻市场上更具吸引力。从历史上来讲，尽管是以它的否定形式呈现出来，但“贞洁”让“性”作为一种社会价值首次进入到公众视野。在由宗教父权制统治的社会中，贞洁就是一种资本。它揭示了女性身体被男性标记并加以控制的方式，以及将这种道德价值转化为传统社会中由婚姻所表征的经济资产的方式。

二、**作为身体的剩余价值的性资本**。这一类性资本体现为，在诸如卖淫与其他形式的性服务中，人们能够将性感的身体转变为一种商品。卖淫不仅存在于传统社会，也延续到了当代的性产业之中。其中，性的货币化属性是直接而明确的。性是可以用金钱来交换的。我们甚至可以说，性服务已经商品化了（例如，不同形式的性互动会有不同的标价，换句话来说，它们具有不同的货币价值）。

三、**具身的性资本**。这一类性资本较为间接，它指的是以下事实：在易洛思所说的视觉资本主义（scopic capitalism）的庇护之下，大批产业都在从性化的身体和性自我中榨取剩余价值。[2] 这基本上意味着，“性买卖”（sex sells）不仅存在于性行业，也存在于各类文化形象和文化产品之中。这种价值或者说资本，也延伸到了亲密关系领域，因为性吸引力和性技巧对于形成和维持亲密关系的能力来说至关重要。社会中的“非单”[i]现象表明，一些人会在此类亲密关系市场中遭遇失败。

四、**新自由主义的性资本**。这一类型是我们研究的一大创新。它指的是，对于很多人来说，一些性消遣可能会转化为一种自我感受，让当事人拥有社交自信，并产生自我效能感和自我赏识，而这些正是雇主们所寻求的那种积极而职业的素养。这种类型的性资本是现代晚期才出现的（稍后会详述），因此，我们将其命名为“新自由主义的性资本”。

在详细阐述这四类性资本之前，我们势必要对现代时期性的道德经济（the moral economy of modern sexuality）进行简要的历史回顾。此番回顾将特别表明两件事。第一，虽然性和性态一直深嵌在经济领域之中（在婚姻市场和性工作中都是如此），但这种嵌入关联——性和性态不在资本主义之外这一事实——并不总是为一些当代人所理解（正如我们在韦伯那里所见）。[3]第二，人们对经济领域中性的深度嵌入持有一种道德谴责的态度，然而，随着时间的推移，这种道德谴责也日趋式微。具体来说，新自由主义时代的典型特征就是工

---

i “非单”（incel），即“非自愿单身者”（involuntary celibacy）的缩写。这一人群多为异性恋男性，他们渴望伴侣而不得，并倾向于将此归咎于自身缺乏性吸引力与性能力。“非单”通常活跃于在线论坛，仇视女性和有魅力的男性。近年来也有因“非单”意识形态引发的暴力犯罪事件。——编者注

作领域和非工作领域间界线的消弭，与此同时，在当今时代，性和性感的交换价值都比在过去更加被公众所承认，也有着更高的社会接受度。[4]当然，这并不是说，现在的大多数女性（或男性）都会主动选择成为性工作者。但有迹象表明，软性卖淫[i]等现象正在部分中产阶级中蔓延；此外，并非所有的性工作者都被贬低或缺乏自我赏识。[5]一位从事性服务的内部人士就曾这样告诉采访者乔安娜·布雷威斯（Joanna Brewis）和斯蒂芬·林斯泰德（Stephen Linstead）：

> 我喜欢做一名性工作者，因为我喜欢成为这群多才多艺的专业型工作精英中的一员。在不同的工作时间，我扮演着不同的角色，我可以是情人、精神科医生、老师、咨询顾问、教育者、按摩师、治疗师等等，有时，我还可以同时扮演所有这些角色。我喜欢这种角色扮演……我喜欢看到自己帮助许多客户减轻孤独感。我的这些客户中，有些人是鳏夫，有些人很难去维持一段亲密关系，也有些人从未谈过恋爱。与这些男人共享一段温暖、感性和充满关爱的亲密体验让我自己感觉良好，

---

i 软性卖淫（soft prostitution），即不以性劳动为生，而仅将其作为额外收入的来源。一些软性卖淫者将性工作当作兼职，另一些人则并不认为自己是性工作者。——编者注

我很希望他们也能记住这一段体验。[6]

在这里，性工作变成了一种具有疗愈性质的职业，这表明，性化的劳动形式已经逐渐进入了合法劳动市场之中。既然性经历具有**独异性**，本质上是私密的、非货币化的，那么，它又是如何被纳入新自由主义的劳动过程中，来创造新自由主义的性资本（即我们的第四类性资本）的呢？

在下文中，我们将通过三个方面来回答这个问题。第一个方面是**性的定位**（the location of sex）。这里的问题是，性究竟是被视为属于生产领域并具有交换价值，还是被视为属于私人领域并且是仅仅具有使用价值的非工作型活动？在处理这个方面的问题时，我们借鉴了女权主义和酷儿的理论和术语。第二个方面是**性的社会性别本质**（the gendered nature of sex）：性是通过固有的社会性别规范和常态来编写其性脚本和性体验的。第三个方面是**性行为的特定领域**（the particular terrain of sexual action）问题，也即，它是指性感身体的外在吸引力，还是指内在的性体验领域。

对现代性别化的性的定位：性是“好”的再生产，还是“坏”的生产？

随着现代性的兴起，家庭内部的性生活实际上——而且应该——与资本主义制度相分离的这种观点，已经被广泛接受。正如韦伯论述的那样，人们认为，性关系可能会抵消伴随着现代商业活动而出现的工具理性。这便是“好”的性（婚内的性尤其如此）。但也存在着“坏”的性，包括从卖淫到唯利是图的婚姻等，不一而足。[7] 在此种观念中，性和性态对社会**既**具有潜在的建设性，**也**具有破坏性；**既是**快乐的，**也是**危险的。这种对性的描绘，已经与我们在第一章中讨论的现代早期的唐璜形象，以及那个时代虚构人物对社会道德秩序构成的宗教威胁有着很大不同。与之相反，根据现代的道德社会秩序，对一**部分**人来说，性只是交易，而对另一部分人来说，性是一种基于亲密和爱的社会关系。我们稍后会详述，这种转变的决定因素正是对性互动的定位。[8] 性接触究竟是作为转瞬即逝的市场交换，存在于生产领域之中呢，还是作为未来导向并具有情感约束力的亲密关系的一部分，被置于家庭领域之中，并被视为有助于整个社会的社会化再生产呢？

在很大程度上而言，对性的道德判断的前提是自由主义信仰，也即，精神的满足和物质的增长是无法相比的。市场的逐利性正依赖于无功利性的活动领域（如精神、艺术、亲密关系领域）的存在。[9] 因此，这种观点就将社会 - 性生活（socio-sexual life）划分出生产和再生产领域，并将这二者视为相互独立的。[10]然而，显然在现代，“坏”的商业买卖的性和“好”的家庭内部的性是相辅相成的。盖尔·鲁宾的性的层级图就很好地表述了这种矛盾关系。[11]鲁宾指出，一夫一妻制的、异性恋的、基于亲密关系的、非商业化的性，与同性恋以及和我们的论述更为相关的商业买卖的性等非社会规范的性之间，在文化上是根本对立的。

与家庭内部的性不同，商业买卖的性——如卖淫和其他形式的性工作——会产生直接的货币资本。这也是商业买卖的性曾被认为不道德（在很大程度上而言，今天也仍然如此）的重要原因。在商业买卖的性中，资本产生于性化的劳动，而性化的劳动在大多数情况下指的是男性向女性购买的真实的性服务。可以肯定的是，自20世纪60年代以来，商业化性交易的全球政治经济也发生了重大的变化。[12]其目前的企业化状况已经无法与19世纪甚至是20世纪上半叶的情况相提并论。然而，不论是在现代还是现代晚期社会中，性工作者的性劳动都直接创造了货币资本。

不过，这种好与坏的性之间的矛盾，并不只造成两种性道德的对立。现代的规范将好的性归入再生产和亲密的社会关系领域，这不仅将性置于功利的商业活动和利己行为的对立面，也将性和性态与社会的经济功能置于一种因果性的、结构性的关系之中。有趣的是，一些当代学者将性作为一种视角，来思考社会变革和资本主义进程。18 世纪的政治经济学家伯纳德·曼德维尔[i]在考察性与发展中的商业经济之间的关系时曾做过一个著名的论断，即个人的（性）恶习和利己行为与经济发展的公共利益之间是和谐共存的。[13]虽然曼德维尔相信，卖淫是不道德的，但他也认为，受到合理管控的卖淫既利于商业的发展，也对那些文明社会中的贤德淑女有好处。[14]在曼德维尔看来，私人的性满足对于资本主义生产的顺利进展至关重要，而这一观点也逐渐流行开来。到了 20 世纪初，这种认为规范的良好性行为能够促进经济生产的观念已经成为主流。按照这种思维方式，好的性实际上巩固了资本主义的生产。在这里，再生产领域——

> 不仅是对市场的有益补充，即扩充了市场交易关系能够提供的东西；在充当安全网之外，它还需要对主体进行形塑，让他们能够区分可转让的和不可剥夺的事物之间的区别，并预期自身被按照这种区分来进行对待。[15]

在这样的表述之中，性对资本主义生产的重要性正是由于它属于市场之外的再生产领域，而主体在其中得到培养、

---

i 伯纳德·曼德维尔（Bernard Mandeville，1670—1733），荷兰哲学家、政治经济学家和讽刺作家，代表作有《蜜蜂的寓言》。

教育和再生产——简而言之，成为成熟的主体。

除了经由市场交易，性和性态在私人领域中也为资本创造着价值。这一事实一直是持续而详尽的女权主义批评的主题。根据这一论证思路，女性在经济上的依赖性让她们遭到了性劳动、生育劳动和情感付出型劳动方面的剥削，更广泛地说，也使父权制资本主义得以运作和延续。[16]因此，在生育方面以及后来的异性恋浪漫或亲密关系领域内对性进行管控，是资本主义生产方式和资本积累的关键所在。[17]的确，安东尼奥·葛兰西[i]和他之前的西格蒙德·弗洛伊德一样，认为男性必须过上满意的性生活才能正常工作。[18]这就是为什么女权主义学者会说，"我们社会中的劳动力/性的再生产过程，是以牺牲女性及其劳动为代价的"。[19]

这种观点认为，女性异化了她们的性能力，即利用她们的外表或性器官来生产剩余价值和资本；通过这种方式，她们要么是在为性产业服务，要么更广泛地说，是以生物学形式的再生产（生殖）为整个社会服务。[20]这并不是要消弭性产业和家庭领域之间的根本区别。但尽管如此，在大多数属于我们所称的"作为身体剩余价值的性资本"类别（第二类性资

---

i 安东尼奥·葛兰西（Antonio Gramsci，1891—1937），意大利共产党领袖及创始人之一，20世纪著名的马克思主义理论家，以其"文化霸权"理论而见称于世。

本）的案例中，经济资本的生产还是通过男性对女性“性手段”（means of sexuality）的剥削而来的。[21] 可以认为，正是这一点启发了凯瑟琳·哈基姆，让她呼吁女性去扭转这种思维逻辑，要在合法劳动市场上利用她们的性资产，而不是仅仅将她们与男性的性接触（或“性交易”）限定在家庭领域之中。[22]

通过定位、社会性别和性的三维视角来对性资本进行历史化分析的，还有另一种完全不同的研究传统，即关注参与诸如同性恋酒吧、闪电约会，或 Tinder 等网络交友平台等各种性“领域”或亚文化的人们所拥有的性地位和他们在性吸引力方面的内部等级排序。[23] 性领域可以是“纽约市的一个朋克夜总会”，[24] 或者城市中的同性恋村，甚至一整个国家。[25] 例如，汤姆·英格利斯（Tom Inglis）就将爱尔兰的性态作为一个独立的领域进行了细致的研究。[26] 这种研究传统始于 20 世纪 30 年代，当时美国大学中的约会交友系统相当于婚姻市场，[27] 但如今，这些约会交友系统则主要被用于寻找随意性行为（casual sex）的对象。

根据这种性领域的研究方法，某些特定的社会行动者比其他人享有更多的性资本。这就意味着，这些人更可能与有吸引力的对象发生性关系，并能因此提高自己的社会地位。[28] 此类关于性地位的竞争，是以特定领域内人们对于吸引力的集体性评判为指标的。价值判断可以非常具体，也可以非常宽泛；前者见于酷儿社区中的“熊族”亚文化[i]，后者则见于马丁·温伯格（Martin Weinberg）和科林·威廉斯（Colin Williams）对旧金山一家跨性别酒吧的研究。[29] 温伯格和威廉斯的研究发现，亚裔跨性别女性在男性顾客眼中是最有性吸引力的，因为她们的性别操演被认为是最具女性气质的。无独有偶，格林的研究也表明，在曼哈顿一处以中产阶级白人为主的性社区中，那些表现出霸权性男子气概的黑人男同性恋者在性方面很受欢迎，尽管他们并不被认为是长期亲密关系的理想对象。[30] 这类性资本的最后一例体现在阿什利·米尔斯[ii]关于一个国际派对圈的研究中。在这个派对圈内，在提供天价饮食的“鲸鱼”俱乐部中，那些身材高挑、容貌出众的年轻女性（通常年龄不超过25岁）与男性富豪结交。同时，那些没有吸引力的女性则被排除在此类俱乐部之外。[31] 聚集在这些环境中的高质量人群，首先是由“模特或看起来像模特的女性”组成的。这是因为，在以性资本为重心的社会领域所制造的等级次序中，模特一般位于顶端。这种环境又会生产出经济活动和经济地位的新形式，例如，一些男性的（隐

---

i “熊族”亚文化（the “bear” subculture），熊族（bear）是男性同性恋或双性恋群体中的一个常用词汇，多指体形较大且体毛茂盛的、男性气质比较明显的同性恋或双性恋者。

ii 阿什利·米尔斯（Ashley Mears），美国作家、社会学家、前时装模特，波士顿大学社会学教授，代表作有《美丽的标价：模特行业的规则》等。

晦）活动还包括将男性富豪与美丽年轻的女性聚集在一起，建立社交网络，并为他们自己博得一个能够接触到美女与富豪的好名声。乍看之下，这似乎是将性置于了再生产领域，因为伴侣之间的见面纯粹是为了享乐以及提升性地位。然而，性领域也是“亲密关系市场”[32]及围绕着它们发展起来的精细复杂产业——例如“勾引社群”[33]——的一部分。

最后，“新自由主义的性资本”指的是，个人主体从他们自己的性品质、性能力和性经验中所获得的经济价值。乍看之下，这一类型的性资本可能类似于哈基姆和其他“性经济学”学者所提出的性资本范畴，[34]在某些方面也确实如此。然而，新自由主义的性资本又不同于哈基姆或鲍迈斯特[i]等人对情欲资本（erotic capital）的理性选择表述，即认为性本质上是一种女性资源，并可以与男性的宝贵资产进行交换。我们则认为，在性别角度之外，从阶级角度来考量新自由主义的性资本，也许会更加有益。[35]我们提出的这种类型的资本更少性别化，因为“性”在这里既不指生殖和亲属关系，也不指性感（sexiness），而这两个领域至今仍被认为几乎完全是女性相关的。新自由主义的性资本与社会中情欲吸引力（erotic

---

i　此处应指罗伊·鲍迈斯特（Roy Baumeister，1953—　），美国社会心理学家，以其对自律、自尊、决策及自由意志等心理学方面的研究而著称，代表作有《社会心理学中的自我》《性的社会维度》等。

desirability）的等级排序和随之而来的交换系统（例如，在某些情况下，女性会“出售”她们的性魅力，以换取男性身上的非物质性资产）并不完全相关。[36] 我们将这种类型的性资本（即第四类性资本）视为人力资本的一种变体。[37] 这就意味着，对中产阶级而言，个人的性生活——性经历、性情感和性欲望——可能会提高其就业竞争力。[38] 新自由主义的性资本不会使用性感（即某人的身体让他人产生的性激情）来谋利。它所利用的不是情欲吸引力，而是性体验中的独异性品质（the singular quality），即我们在纯主观层面上体验性这一事实。新自由主义的性资本利用性体验中的独异性来构成自我，而这一自我与总体而言决定了个人社交能力和职场能力的一些技巧与属性是完全兼容的。这种类型的性资本被铭刻在人们了解自己、培养自信和自尊、承担各类风险，以及最重要的通过自我主张和占据支配来经营人际关系的一般策略之中。换句话来说，我们提出的这种新自由主义的性资本，是会在性领域中斩获一些优势，但它又远远超出性领域的范畴。相较于其他人，中产阶级人士更倾向于从性生活中斩获自我赏识，并能更好地在职场中使用他们的性资本。[39] 接下来我们会阐明，这并不意味着新自由主义的性资本在男性和女性身上有着相同的运作方式。然而，虽然一些与性资本积累相关的实践似乎是按照性别来划分的（例如，高科技硅谷的性派对主要服务于男性精英，而多角恋关系常以女性为中心），但这并没有改变其基本路径：私人领域的性经验在生产领域中发挥作用，但不是作为性工作，而是作为完全“常规”的专业技能。

从历史上来看，这种类型的性资本兴起于现代晚期，在当时，经济生产和雇佣就业领域越来越与社会再生产领域（性、性态、家庭以及亲密关系等）交织在一起。[40] 我们的结论是，受到新自由主义的资本主义影响的新自由主义的性资本，也使新自由主义的资本主义进一步合法化，并促进了它的发展。

在仔细审视迄今所概述的理论分析框架后，我们提出了四类性资本，它们分别是：默认的性资本、作为身体剩余价值的性资本、具身的性资本，以及能够提高工人就业竞争力的新自由主义的性资本。

默认的性资本：贞洁和家庭内部的性

我们目前所讨论的好的性和坏的性之间的规范性区分，其实是利用了关于性别角色的特定假设。正如法拉莫兹·达布霍依瓦拉[i] 所说：“启蒙运动对男性气质和女性气质的重构，引发了现代的性领域中最为棘手的一些社会伦理问题……男

---

i 法拉莫兹·达布霍依瓦拉（Faramerz Dabhoiwala，1969— ），英国历史学家，执教于普林斯顿大学，教授英语国家的社会历史、文化史和思想史等课程。

性和女性究竟应该是什么样子的？”[41] 多位学者都已论证，从18世纪末开始，社会对男性和女性的性态的普遍态度有了重大的转变。[42] 这时，女性被去性化（desexualized）了，因为人们普遍认为，女性不管是从自然的、天赋的角度，还是从科学的角度而言，都是更为贞洁的性别（因此，她们在道德上也要优于男性）。她们拥有一种默认的性资本，它包含了两种性别意识形态。第一种是通过金钱的维度将有德与背德的女性区分开来的意识形态——女性的贪婪。受基督教禁欲理想影响的父权制，将贞洁与不贞的女性相区分，也将以金钱为目的的性与在合法婚姻中以生殖为目的的性相区分。第二种意识形态是，所有女性天生都是处女，是对性没有兴趣的，甚至是没有任何欲望的。[43] 在以这种方式进行文化编码之后，贞洁就成了阶级和道德的标志，这样一来，它便可以在18、19世纪的资产阶级婚姻市场中作为一种资本发挥作用。对资产阶级妇女这种贞洁的性道德的回报是，她们能够通过婚姻来获得经济保障，为了生育而不是享乐来进行性行为；目的在于享乐的性类似于一次性的交易，资产阶级妇女为了长期的经济地位便放弃了这种类型的性。于是，在这种严格性别化的道德经济中，默认的性资本就一直保持着一种理想假设，即所有“好”女人——与之相对的，则是那些“堕落”的女人——都是贞洁的，除非有证据表明并非如此。由于此类交易的经济特征并没有被视为是贪腐败坏的，性贞洁便获得了较高的道德地位。

当然，这个“纯洁”的故事在历史上的表现要更加多样化，不仅是在性别方面，在阶级、种族和地域方面也是如此。正如性别历史学家赫拉·库克[i]所说，性活动的重大变化发生在19世纪。[44]在18世纪早期，英国许多平民女性都会进行随意的性行为（casual sexual practices）。后来，社会压力迫使男人（和女人）为他们的后代承担起责任，这便导致了情侣（即便是未婚）间通常能维持长期稳定的关系。然而，到了19世纪，随着城市化、工厂作业和雇佣劳动的兴起，人们的工作和生活模式发生了很大的变化。资本主义使工人阶级的女性更加依赖男性，从而也就使她们在性方面更加弱势。因此，合法婚姻开始受到女性的追捧——但她们也付出了代价：

> 当女性不能靠自己的劳动来养活自己和孩子时，婚姻或同居就成了她们的谋生之道。在这样的社会中，男性可以要求女性去服从他们，而一位成功的妻子则要确保她不会因不受人欢迎的冒失、调情或展示性知识而威胁到自身的安稳。由此可见，女性的经济自主权和她们

i　赫拉·库克（Hera Cook），执教于新西兰的奥塔哥大学，代表作有《漫长的性革命》。

的性行为之间有着密切的联系。[45]

在没有节育措施的情况下，工薪阶层和贫困妇女的经济困境，加之中产阶级道德、宗教和政治力量的不断壮大，使性体面（sexual respectability）逐渐取得了霸权地位。维多利亚时代关于性的话语和观念都与宗教密切相关，培养了在性方面有所克制和严格自律的理想。

但是，到了20世纪，人们更加普遍地认为，（“正常的”）性表达和性满足是一切成功婚姻、人格发展，乃至整体社交能力的关键所在。[46]事实上，婚内的性满足变成了一个社会问题，至少对体面的中产阶级来说是如此。如果贞洁的女性缺乏性经验，许多中产阶级和中上层阶级的男性就会在商业买卖的性风潮中进行性交往，并且他们在其中不需要表现得亲密和体贴。[47]这促使弗洛伊德在《“文明”的性道德和现代神经疾病》（“‘Civilized’ Sexual Morality and Modern Nervous Illness”）一文中指出，婚床是一张不幸福的床：男人少有雄风，女人往往冷淡。而当性进入紧急状态时，危在旦夕的就不仅仅是个体的婚姻幸福，还有整个社会的命运。这也意味着，在社会谱系中，性的商业化和性道德就站在了对立的两端。于是，妓女、依赖男性的工人阶级女性，以及下流社会[i]中的女性（如女演员）都被纳入了一个用性服务换取金钱的经济循环中，而那些受人尊敬的女性则在家庭单元发挥着作用，并由此避免性威胁到她们的道德地位。

弗洛伊德认为，性可以帮助资产阶级男性成为社会中富有成效的一员。[48]然而性对社会的效用并不止于此，维尔纳·桑巴特告诉我们，它还形塑了小资产阶级店主们的节俭品质。[49]而汽车制造商亨利·福特（Henry Ford）曾向他的工人透露，好的婚内性行为也能够将工人阶级塑造得更加高效和顺从。[50]因此，一些与福特同时代的人认为，性抑制对于资本主义来说是必要的。各阶层经济主体的理性化性态和他们对资本积累的顺从和帮助间存在着关联，而正是这种关联使得20世纪20年代德国和美国的一些社会革命者和进步人士提出，有必要发起一场性革命。

然而，即便那时家庭内部的性满足已经被认为对资本主义生产十分重要，贞洁依然是女性生活中举足轻重的部分，

---

i 下流社会（demi-monde），原文是法文，取自小仲马的戏剧《半上流社会》（*Le Demi-monde*，1855年），该词也是小仲马自创，字面义为“半个世界”（half-world）或“中间－世界”，原剧以风尘女子为主题，描绘的是那群在世界夹缝中努力浮沉的人。该词一般多指交际广泛、在男性中很受欢迎，但名声有些模棱两可的女性。

甚至对于已婚妇女也是如此。丽莎·普鲁伊特[i]研究了美国诽谤案件中原告为女性的法律案件历史，这些女性被指认和别人发生了不贞性行为，她们则就这些指控进行法律申诉。普鲁伊特认为，直到20世纪初，女性都渴望在她们的小社交圈内维护她们作为真正私密个人的性声誉："女性通常不进入商业市场，完全在家庭生活领域内部发挥作用，而正是这些对'私人关系'的冒犯性指控损坏了她的名誉。"[51]普鲁伊特认为，在世纪之交，法院越来越认识到私人领域和公共领域之间的关联，并将性诽谤视为对女性就业竞争力的潜在威胁。这个例子说明，通过影响声誉，性贞洁曾在婚姻和就业方面发挥重要作用。

作为身体剩余价值的性资本

有一些劳动会通过提供性服务而获得报酬。这种类型的劳动（主要）发生在性行业之中，包括卖淫、色情影片和情色舞蹈等。[52] 1970年，美国"赤裸裸的色情片"（"hard-core pornography"）——明确展现性交的影片——的市场交易总额约在500万至1000万美元之间。[53] 1996年，记者埃里克·施

i 丽莎·普鲁伊特（Lisa Pruitt，1966— ），美国加利福尼亚大学戴维斯分校法律系教授，研究领域有经济不平等和贫困研究、法律政策研究等。

洛瑟[i]估计，美国人在色情影片和性杂志等方面约花费了 80 亿美元。[54]据合理推测，2018 年美国的性行业市场交易总额约在 60 亿至 150 亿美元之间。[55]互联网平台 Pornhub 的数据显示，在 2019 年，该网站的访问量超过了 420 亿人次，日均访问量达 1.15 亿人次。[56]

性产业极其多面，关于它的学术研究也是如此。我们此番研究的目的，既不是重述这一研究领域内的主要论点，也不是挑战在性市场中出售性劳动的人们在人性、政治、经济和社会方面所产生的极其重要的影响。我们希望引起人们关注的是，我们认为在有关性工作的社会规范以及一些性工作者的工作体验方面，发生了一些不易察觉的轻微转变。

前面提到，在现代时期，有无金钱交换是区分好的性与坏的性的标准。在这种社会想象中，性是为社会所接受，甚至是被鼓励的，无论它是为了寻求亲密关系和生育繁殖，还是（在近来的观念中）如随意性行为一样仅仅为了享乐——只要它（似乎）位于资本的基体之外即可。与之相对，直接货币化的性则被认为是不好的性。因此，如果说身体是资本积累的主要载体，[57]那么正如许多学者所强调的，最原始、最直接的货币化性资本就是通过卖淫——通过剥削通常处于弱势地位的

i 埃里克·施洛瑟（Eric Schlosser，1959—　），美国新闻记者，以其深入调研性新闻报道而著称，出版作品有《快餐民族》等。

贫困女性、男性和儿童的性劳动——而获得的。[58]

然而，近来在诸多“相互关联的市场”[59]中，好的性也变得商品化和具有经济价值了，这就让现代主义那种好与坏的性之间的明确区分变得越来越模糊。这也暗示了性工作的现实以及性资本的积累方式。作为礼物的性和遵循商业逻辑的性之间的界线受到了本体论的侵蚀，而它的一个显著表现便是另一种性的利基市场（a market niche）的出现，其中的性更具情感特征、更少机械化。这种包含了多重价值的性交易的一个典型例子是美国内华达州的合法妓院市场。芭芭拉·G. 布伦特斯（Barbara G. Brents）和卡斯林·豪斯贝克（Kathryn Hausbeck）指出，这些妓院的管理者们试图将他们的性交易产业向其他的常规服务行业靠拢。[60]性交易场所以往那种危险、破旧、肮脏的面貌，已经一去不复返了。[61]相反，现在的“环境鼓励一种更加开放、有‘派对’氛围和更加个性化、更少理性化的性互动”。[62]根据布伦特斯和豪斯贝克的研究，一位叫霍夫（Hof）的妓院经理甚至——

> 明确地将他经营的妓院营销为一个性化的旅游目的地，或者用霍夫自己的话来说，一个“单身者酒吧，只不过人们在这里脱单的概率极大”……在霍夫看来，他从客户那里获得更多金钱的方式是创造客户愿意购买的

“产品”——这更多的是一种体验，而不是具体的性行为。他坚称：“除非感觉和你很亲近，或者感觉你是他的朋友，或者对你产生了一些内在个人情愫，否则客户是不会想要去你房间的，对吧？”[63]

因此，并非所有性工作者都经历过创伤和直接的剥削，或者完全缺乏个人能动性。事实上，像 OnlyFans 那样共享业余色情影片的网络数字平台，均采取自营的职业模式，并且不要求在职者提供面对面的性服务。那里的性表演者（男女皆有）通常属于新中产阶级，被这类工作的弹性工时吸引。此外，性工作者通常也会通过接受教育和培训等，将赚取的收入投资到他们的人力资本中。[64]

在更为传统的性工作类型中，也可以发现这种选择和能动自由。蒂拉·桑德斯[i]提出，一些性工作者能够通过他们的情感劳动和性劳动来抵制自身被异化为纯粹的性客体。[65]与此相反，他们是将自己作为服务的提供者来行动和思考的。通过将自己与“常规”服务经济联系起来，他们中的一些人便能够利用性来增加自己的市场吸引力和经济收益。本书早些时候所引用的那位澳大利亚性工作者还曾表示：“我在工作上

---

i　蒂拉·桑德斯（Teela Sanders），英国莱斯特大学教授，研究社会学、犯罪学中与性和社会性别相关的议题，代表作有《性工作》《网络性工作》等。

非常熟练和专业，客户看到了这一点，并会就此向我表示感谢，这让我很欢喜……我是一名性教育者，我为此而自豪。”[66]

伊丽莎白·伯恩斯坦[i]对硅谷性工作者进行的一项开创性研究表明，在与中产阶级客户的性互动中，这些性工作者提供的绝不仅仅是迷人的外表和性器官，还有高情商、人际交往能力，甚至是文化资本。[67]通过扩充性工作中所使用的技能并将它们相融合，商业性交易正越来越向常规服务类工作看齐。

因此，我们似乎有理由认为，对于一些性工作者来说，性工作典型的“协调模式”[68]发生了变化，因为他们能够**从他们自己的性工作中积累性资本**，却并没有经历那种极端的遭到社会贬值的情况。研究人员尚未提供有关这些有适应力的性工作者的完整社会学概况。然而，可以确定的是，最近关于卖淫的学术辩论中加入了一种全新的、新自由主义的色彩。尽管经典的“性剥削与自我所有权”的辩论依然很激烈，但与身份和污名管理有关的新问题也随即出现了。这可以被视为“新自由主义对卖淫的立场”，其中卖淫是根据其独异性来加以探讨的，即研究“出售性服务是如何在隶属于人力资本的自我赏识方面影响从事此类活动的人员的”。[69]显然，这种研究方法与绝大多数被贩卖或被迫从事卖淫活动的人无关。

---

i 伊丽莎白·伯恩斯坦（Elizabeth Bernstein，1968— ），美国社会学家，毕业于加利福尼亚大学伯克利分校，执教于巴纳德学院，是妇女研究和社会学系教授。

同样，虽然说性行业的许多方面，特别是消费色情影片和使用性玩具，都在逐渐被社会所接受，但这并不是说，性工作已经成了一个体面的行业。尽管如此，如果坏的性也不再如过去所认为的那么坏，性工作者也不会因为参与性交易而受到伤害或社会惩罚的话，那么很有可能在人们眼中，性工作者从性劳动中获得的性资本，就会越来越类似于从常规互动型服务工作中获得的资本。这一点在软性卖淫现象中可能尤为明显：在这种软性卖淫中，中产阶级年轻女性和受雇就业的成年女性会用她们的性行为来换取礼物或金钱。[70]

事实上，性资本同样可以在互动型服务工作中，由工人们性感的身体通过性化劳动所创造。[71] 在卡普兰对以色列的美貌和社会阶层进行研究时，一位时装模特曾接受过她的采访。在提及早年做女服务员的经历时，这位模特非常坦率地承认，她被招募到餐馆当服务员，正是因为她出类拔萃的美貌以及她对餐馆客户的性吸引力。她声情并茂地回忆说，那些餐馆的顾客曾非常大方地给她小费。另一个有说服力的例子是在东京牛郎俱乐部中“上演的诱惑”（“staged seduction”）。人类民族志学者竹山秋子[i]记录了一位牛郎对她表演性化劳动，

---

i 竹山秋子（Akiko Takeyama），人类学家，堪萨斯大学教授，研究领域为女性研究、性别研究及性学研究，代表作有《上演的诱惑：在东京一家牛郎俱乐部中贩卖梦想》等。

以吸引她成为俱乐部常客的场景：

> 当我思考这位牛郎申（Shin）的意图时，我注意到，我的膝盖正轻轻地触碰着他的膝盖。于是，我坐直了身子，并将腿挪开。当我被再次吸引到我们的谈话中时，我的裤腿再一次和申的贴在一起。他慢慢靠近，倚在我身旁。“今晚你开心吗？”他在我耳边低语道。我点了点头。他撩人的私密耳语加上酒精的作用，让我感到自己被他身上古龙水的香味迷住了。他的那些微妙动作将牛郎俱乐部的开放空间变成了一处亲密的场所，而他对我的靠近，无论是不是偶然，似乎都是有意为之。在那些亲昵的耳语中，申并没有向我表达任何实质性内容。然而，因为其他人并不知道我们耳语了些什么，我开始逐渐地对他产生了兴趣。这些感觉的产生是因为——尽管不全是——在这个开放空间中还有其他人的存在。申由此便创造了一种幻想，在其中，我的感官体验和认知理解似乎包罗万象。[72]

阿什利·米尔斯对面向精英的全球派对圈进行的人类民族志式研究，就展现了上述性化劳动中更为人熟知的一个分支。米尔斯的研究向我们展现了一个主要包括投资银行家、房地产大亨等富豪阶层男士的全球社交网络，而这一社交网络在很大程度上，是通过现身于圣特罗佩[i]游艇、长岛汉普顿海滩派对，或者纽约市高档酒吧和餐厅中的“女孩们”来维持的。在这种性经济中，富豪们利用女孩们的身体和美貌，来为他们自己的社交关系和商业联结提供增益。重要的是，这里似乎也存在一种道德和审美的等级划分：女孩们看起来越像时尚模特，她们就越不会被直接性化或“被染指”，反之亦然。[73]高挑、精致、时尚的女孩们，通过营造奢华的氛围来帮助男性之间破冰。米尔斯阐释道：“女孩起到了一种装饰作用（décor），在该词的两个含义上都是如此：女孩是让男人看起来更好的装饰品；她们也是荣耀的标志，是能够引起其他男性注意的地位能指。”[74]然而，一位高档餐厅的顾客告诉米尔斯，漂亮女孩不仅仅会“让我们看起来更棒，就像房子的装修一样”。[75]在此之外，她们带有的“高档”气息，本身就是令人愉悦的。人们会在美人环绕中感觉良好，仅此而已。在这方面而言，女性的身体和面容正在被延伸利用，来营造一种 VIP 氛围。显然，女孩们看起来越是矫揉造作和廉价好取悦，她们就越会被认为是卖春的性工作者。米尔斯的一位研究参与者，一名鸡尾酒会的女服务员，向我们描述了性化

i　圣特罗佩（Saint-Tropez），法国东南部城市，位于地中海海滨，其所处的半岛和海湾都以其命名。

劳动的危险性。她的工作职责不仅包括为参加派对的人士提供酒水饮料，还包括吸引男性顾客上桌消费。她说，像她这样的服务员必须经常与顾客调情，因此就不得不表现得“稍微有那么一点点像妓女”。[76]

本节内容总结如下：我们将性资本的协调模式中一种正在浮现的转变视为身体的剩余价值，它主要出现在性工作和所谓的合法工作领域间那日益模糊的边界地带，在那里，起到性外表和性在场（sexual surface and presence）作用的身体，作为性化的存在被货币化了。生产此类性资本的主要场所是性产业的某些领域，而其中的性工作正日益趋近于常规的服务类工作。这意味着，对于相关领域的性工作者而言，直接的性剥削和劳动异化问题正逐渐减少。然而，尽管这些性工作者仍然通过其身体操演的性行为来换取货币资本，现在的他们也面临着一些新问题，例如情感劳动需求的不断增长，以及与污名管理和自我营销相关的一系列问题，等等。重要的是，这些新问题与那些从事常规交互式服务类工作的人员所面临的问题，也并没有太多不同。因此，这种转变还有另一种表述：在性工作日益向常规服务类工作靠拢的同时，正如我们在那位鸡尾酒会女服务员的叙述中所看到的，常规服务类工作的性化也已成为日常。[77]

具身的性资本：性吸引力、性感和性技巧

前一节的例子所讨论的是在性工作或性化劳动的背景下所产生的性资本类型，而性资本的获得者主要是这些人力劳动的男性所有者们（尽管我们也已经看到，在某些情况下，性工作者也能够为他们自己获取一些资本价值）。这些性资本类型的运作前提是，性服务和性化劳动是作为货币化交易的一部分来进行交换的。现在，我们将重点关注第三类性资本，即具身的性资本。在这类性资本范畴中，性接触不是可供买卖的交易，而是性关系的一个组成部分，即便是露水情缘也是如此。性资本属于那些拥有出众的性吸引力的人，因为他们能够吸引到更多的伴侣，或者更具性吸引力的人。米歇尔·维勒贝克[i]的小说《竞争领域的扩张》（英文版标题为*Whatever*，法文原版名为*Extension du domaine de la lutte*）淋漓尽致地展现了这种情况。正如《独立报》（*Independent*）上的一篇书评所说，维勒贝克的观点是，“20世纪60年代的性革命在性市场中创造的并不是共产主义，而是资本主义，因为那些没有性吸引力的下层阶级人士，都被驱逐到性市场之外了”。[78]而这位法国作家自己的话，则更加辛辣：

---

i 米歇尔·维勒贝克（Michel Houellebecq，1956— ），法国当代作家，2010年法国龚古尔文学奖获得者，代表作有《地图与疆域》《反抗世界，反抗人生》《一个岛的可能性》等。

> 今天，我们生活在一个由情欲吸引力和金钱组成的二维系统内。其余的一切事物，包括人们的幸福和痛苦，皆由此中来……正如他们所说的那样，现在你可以在色情超市中找到各式各样的色情产品；但是，其中缺少了至为关键的东西。事实上，性追逐的重点不是快感，而是自恋的满足感，是理想伴侣为个人的情欲优势所带来的声望加持。这就是为什么艾滋病的传播状况并没有得到太大改善；避孕套的确会减少快感，但与对食物的欲求有所不同的是，性欲的目标并不是性快感本身，而是性征服带来的自恋式陶醉。而相比之下，色情影片的消费者不仅不能体会到这种陶醉感，还会经常有相反的体验。[79]

性与地位竞争有关，或者说，性包括了地位竞争的这种观念，最初是在关于约会、择偶和婚姻市场的学术研究中发展起来的。此种研究领域中的一种主导观点借鉴了社会交换和理性选择等理论。这种观点认为，行动者渴望最大化他们的效用，并想要策略性地赢得在地位竞争上的胜利，无论这种胜利是指向上的社会流动（例如在婚姻中的上娶和上嫁），还是指仅仅被视为一位受欢迎的约会对象（例如在大学的约会择偶系统中受追捧）。[80]然而，我们在这里所采取的是此类功利主义研究方法的最新版本，即性场域的研究方法。

前文已经提到，性场域的研究方法调查的是特定的性互动社交网络中“欲望的社会组织系统”。[81] 在这一分析框架中，性场域就是一种社会等级的小规模经济，有自己的内部行为规则，它是围绕着自我对他人的性吸引力而组织起来的。性场域可以是城市空间、亚文化圈子、夜总会场景，或是大学里的约会交友系统。[82] 在这些竞争领域中，一些人会在性方面更有优势，也即拥有更多的性资本。性场域是在性逐渐摆脱宗教管控并逐渐实现自治的时代背景下出现的。英格利斯在其研究中就讨论了爱尔兰人的性是如何逐渐脱离宗教的。[83] 不论其规模如何，性领域都被视为一个准自治的社会领域，其中，性资本的分配是不均匀的。

詹姆斯·法勒[i] 将性资本定义为“一种个人的资源、能力和禀赋，能在性场域内为其拥有者赢得一定的地位”。[84] 一些人认为，性是一个值得投资和培育的场域，而那种旨在传授勾引技巧的“学派”的兴起和繁荣，或许就是这种观点的一个体现。该学派中的大师级人物常被称为“搭讪艺术家”。仅在 2018 年至 2019 年，这种培训相关行业的营业额就有约 1 亿美元。[85] 尼尔·施特劳斯[ii] 于 2005 年出版的《把妹达人》(*The*

---

i　詹姆斯·法勒（James Farrer），日本上智大学（东京）社会学教授，代表作有《中国国际大都市中的国际移民》《开放：上海的青年性文化与市场改革》《上海夜景》等。

ii　尼尔·施特劳斯（Neil Strauss，1969—　），美国畅销作家。

Game)，被认为是当前 PUA 浪潮的催化剂。这本书的主要内容是与女性成功相处和恋爱的技巧，畅销了 250 万册。[86] 这些正清楚地表明，许多人都在对性资本趋之若鹜。

如果说性资本是一种资源，能够影响人们在这个特定领域内的成功程度的话，那么，“最富有之人”便是那些基于其个人的性吸引力以及其能够拥有的性伴侣数量而积累起最多性资本的人。根据这一理论，性吸引力本身就能提高个人的地位，它会帮助个人在其社交圈内取得更多的社会成功和性成功（socio-sexual success）；此外，一个人的性吸引力也总是相对于他人的性吸引力和性成功而言的。[87] 在“性导向地位竞争”的观点下，性领域内的行动者会被视为想要最大化其性资本的主体，而他们实现这一目的的方式是，努力接近“理想的体格，拥有得体的衣服和配饰，并采用正确的姿势、肢体语言、谈吐和言语模式。就像钱生钱一样，一个领域的成功也会孕育出另一个领域的成功：一个人在一个性场域内受到的关注度越高，其他人也就越会认为他具有更强大的性吸引力”。[88]

的确，大多数性场域的相关研究，都强调了特定性场域内的具身性感标准。然而，丽莎 · 韦德[i] 在对大学内的约炮文化

---

i　丽莎 · 韦德（Lisa Wade），美国杜兰大学社会学系副教授，代表作有《美国约炮文化：校园中性的新文化》等。

（hookup culture）进行的研究中指出，性资本，即在约炮场景中能够吸引伴侣的能力，主要是与参与者能否拥有恰当的**情感表达**倾向有关。在对学生们的个人经历叙述进行分析后，韦德认为，在随意性行为的模式中，能够带来性优势的往往是情感上的冷漠与疏离。尽管这会对长期情感关系造成严重的损害，但是，约炮场景中的参与者们，仍然需要表现出这种漫不经心和不以为意："漠不关心的情感表现不仅仅是这种文化中的常态，也更容易令人获得性成功。学生们越是表现得冷漠疏离，他们能够获得的情欲地位也就越高。相对地，那种热烈的情感表达不仅显得可悲，也毫不性感。"[89]

性场域的研究方法具有一些显著的优势。第一，它强调的是特定场域内进行的社会交换实例，其中的参与者们用来进行交换的，是能够带来不同类型性成功的资产和能力。这无疑是一次认真对待性的社交性（the sociability of sex）的有益尝试：它一方面承认个人在性方面的受欢迎程度确实能够给人自信，甚至让个人更加成功；另一方面，它也承认性吸引力和受欢迎程度的评判条件与标准——不论是性感的身体、性知识和性技巧，还是合宜的情感倾向——并不是放之四海而皆准的。与此相反，这些评判条件与标准可能极具主观性。第二，这种研究方法的相关观点是，性资本是由个体积累起来的，是一种个人的、具身的属性。因此，性场域的研究方法，就为对于性和性态的社会性分析增加了个体之间和互动性层面的重要维度，而此前这类分析通常仅进行宏观结构性阐释。这种尝试无疑是值得称道的，因为它试图通过日常生活，在世俗而地方性的层面上解释集体的性生活的塑造过程。通过将性视为某个地方性排名系统中的个人社会资源，性场域的研究方法向我们揭示了，关于性吸引力的日常体验是如何对社会价值进行分配的。然而，尽管性场域研究方法赞同布尔迪厄的社会学研究，它仍缺乏一种更完备和更广泛的权力概念。它未能说明在经过仔细审查的特定性场域之外，其他的社会力量是如何塑造性吸引力的等级排序的。[90] 与此相反，在此类研究方法中，性场域内的参与者通常被认为是过于理性和功利主义的。

至关重要的是，具身的性资本带有性别化、种族化和阶级化特征。在这三者中，阶级尤其重要。这是鉴于，目前无论是在年轻（以及不那么年轻）的成年人生活中，还是在一些关于年轻女性的自我客体化（self-objectification）式的社交媒体实践的公开讨论和学术辩论之中，自拍文化（selfie culture）都占据着主导地位。这些围绕着性感自拍的争论和关注，是一块待开垦的沃土，我们能够从中揭露：性资本是什么，它如何与阶级、性别和种族相交织，又是如何在文化产业中被塑造的。如果一个社会范围的文化性化过程（cultural sexualization）正在形成，并且各行各业的人都既消费又生产性化图片的话，就会引出一个关键问题：什么样的人会被认为是性感的？如果我们假设，具身的性资本既由社会力量所塑造，又在塑造着这些社会力量的话，上述问题也同样重要。

一名专业摄影师在关于文化中性感视觉塑造的研究项目中，将一些受到照片墙（Instagram）上红人审美影响的性感自拍与她本人所拍摄的照片进行了比较。在一次研究采访中，当一位参与者被问及“性感”对她意味着什么时，她回答道：“有性吸引力和‘诱惑感，但不会显得低俗’。”[91] 很显然，在这里，对性感的理解与阶级判断交织在了一起。在那篇论文的后半部分，研究者兼摄影师爱玛·菲利普斯（Emma Phillips）反思了她是如何将类似的中产阶级审美编码进了她为该名（以及其他一些）参与者所拍摄的专业照片之中的：

> 我使用了一些对这个美学领域有吸引力的能指，来有意识地编码这些摄影照片。它们是我自己品味的一种延伸，并且也符合我所在阶层的文化流行趋势。我的做法包括：利用那种能唤起阴沉情绪的灯光来营造氛围；运用不同镜头为西蒙娜（Simone）拍摄出有距离感或是异常近距离的照片；让西蒙娜戴上面具，或者以桀骜不驯的姿态穿上风衣；加入阴沉的城市景观；有意地

通过快速移动镜头来创造朦胧感；为照片增加故事感或者加入一面镜子……我在制作这些（照片）时会有意识地融入当代的、专业化的肖像风格，即运用明暗对比法（chiaroscuro）在观者心中唤起相应的情感……我拍摄的照片需要观者进行深度细看。我希望观者去探索照片所讲述的故事，并被其中的阴郁情绪吸引……在拍摄时，我的脑海中就有我的观众，我知道如何去触动他们。直到在回顾拍摄的照片时，我才意识到自己正在诉诸贝弗利·斯凯格斯[i]所说的“资产阶级凝视”（bourgeois gaze）……我必须要考虑到，自己的那套审美规范是否能够有助于划定一个清晰的阶级界限，来巩固和扩展我主要的文化资本，同时边缘化处理女性模特们对于性的粗俗（这里是对“粗俗”一词的客观使用，并不带有任何价值评判）展示……它势必要确保我在这个社会领域中的地位，并加强阶级区分。[92]

与大多数中产阶级的品味判断一样，研究的参与者也意识到，这些照片既是“得体”的，也具备塑造有关性感的审

i 贝弗利·斯凯格斯（Beverley Skeggs），英国社会学家，也是著名的女性主义社会学家，目前是兰卡斯特大学的杰出教授，也曾在伦敦大学哥德史密斯学院担任社会学教授，代表作有《阶级的构造与社会性别》《阶级、自我与文化》等。

美标准的力量。如果女性——当然也包括男性——想要被他人认为是性感的，并且拥有性资本，他们就必须展现出某种特定的外表，甚至是让人产生特别的感觉（例如，“媚而不俗”及“强势”）。

具身的性资本可以通过消费各式各样体现性生活方式的商品和服务来增加。[93]其中的一些商品可以帮助消费者形塑自己的身体，使其看起来更加性感。一个典型的例子便是女性生殖器整容手术在中产阶级女性中的日益流行，它是被林德·迈克杜格尔（Lindy McDougall）称作“干净裂缝理想”（“the clean-slit ideal”）的全社会范围的常态化过程的一个组成部分。根据这个媒体（既有主流媒体也有色情网站）和医生都在营销的理想，一种美学上怡人的外阴应该是光洁、无毛、干净且拥有极简外观的。虽然阴道整形手术仍很少见，但许多女性会通过去除阴毛来迎合这一所谓的理想，她们试图通过此举获得有吸引力的女性气质，并提升自尊心。[94]其他一些性娱乐商品则宣传了一种社会理想，即人会因为拥有性能力并且掌握了“成为熟练的性伴侣所必备的性技巧”而变得有价值。[95]可以肯定的是，只有在亲密关系的私人领域中，通过性伴侣双方的具体性表现，性能力才可以被体现出来。性能力是一种个人能力。因为它纯粹是体验性的，所以通常没有医学症状上的可见性（semiotic visibility），而且，对于大多数普通的性主体（他们的性表现仍然是私密的）而言，人们也无法从他们的身体体征上判断其性能力。而另一方面，大规模的性自助产品产业已在流行文化中激增，来满足“义务性”性功能的需求，并教育我们如何拥有美满的性生活。[96]

在一个性必须得到满足的世界中，“床上功夫好”成了女性的一种宝贵资源。[97]这在大量有关随意性行为的文献研究中被揭示，而在长期关系中，该标准要更为普遍。[98]因此，虽然“性技能培训”出现于20世纪上半叶，但它最初是通过医学和心理学的专业知识来传达的。此外，它将女性的性欲视为“既是被动和蛰伏的，又与她们的母性和照料本能紧密联系在一起”。[99]然而，到了20世纪60年代后期，这种刻板印象已经进入到流行文化和不那么专业的知识中去了。[100]随着女性的性欲得到了肯定，[101]男性以及越来越多的女性，都被鼓励去掌控他们自己的快感，以及通过使用各种商品来满足性享乐。[102]

在下一节讨论我们所提出的第四类，也是最后一类性资本时，我们将再次分析这类个人的、体验性的性劳动。目前我们可以肯定地说，性技巧是一种商品，而其消费在很大程度上取决于人们所具的阶级背景和文化品位。玛戈·魏斯[i]对旧金山一些群体的性虐恋关系模式（BDSM，包括奴役束缚、支配统治、虐待狂、受虐狂等）进行了一种民族志式的研究。研究指出，随着性虐恋关系模式已成为一种更加制度化、主流化和专业化的性活动模式，它也已经被看作一种中产阶级的业余爱好："那些虐待狂和受虐狂模式（SM）的实践者常常是以自觉的方式在这样做，他们还会借用美国的一些关于自我完善和教育的话语，而这些话语与福柯的自我实践观点中对自我修养（self-cultivation）的强调恰相吻合。"[103]魏斯的研究还向我们展示了大量有关性虐恋关系模式的实践课程、讨论小组和会员制俱乐部，它们将性虐恋制度化，并消除了以往关于它的那种古怪、下流的联想。因此，就像掌握特定的性技巧可以增强性虐恋模式实践者在这个特定场域内的性资本一样，作为生活方式的性虐恋本身，也同样基于这些实践者所拥有的文化资本。

我们已经论证，性可以通过性工作等方式**直接**生产资本，也可以通过在再生产领域调节性行为，制造出一批批愿意并且能够将其劳动力商品化的、温顺的雇佣工人，从而**间接**地

---

i 玛戈·魏斯（Margot Weiss），美国人类学家，卫斯理安大学美国研究及人类学副教授，代表作有《快感的技术》。

生产资本。同样的逻辑也适用于消费领域。现在的消费者会购买一整套性商品和性服务，然而，对性的消费远不止于在性关系中使用性商品。一些人认为，在新经济体系下，消费文化创造了一部充满色情幻想的巨著，它构建了集体意识并再生产了资本主义。[104] 保罗·普雷西亚多将这一过程描述为“性资本的高度集中”。[105] 普雷西亚多提出了一种后工业时代的“医药色情制度”，它支配着我们的性主体性，并引导我们向着有利于制药和色情行业的方向行事。多位学者共同研究发现，《花花公子》（*Playboy*）杂志（以及其他高度性化的媒体产品）的出版和战后消费资本主义的兴起有着密切的联系。[106] 也就是说，共同创造大资本（big capital）的不仅仅是性工作者，还有性消费者。这里仅举一个简单而有说服力的例子：2019 年，全球性玩具市场营业额约达 266 亿美元，预计在未来几年，这一数字还会有所增长。[107]

新自由主义的性资本、自我赏识和就业竞争力

我们已经了解到，当性作为适婚性的担保，或作为从性工作者的性劳动（或者其他服务类工作者的性化劳动）中榨取的**剩余价值**时，性就是一种资本。我们还看到，在某些情况下，性工作与某些服务类和创意类工作有一些相似之

处——需要一定的情感投入和自我营销技能。最后，我们还阐明了，在**具身的性资本中**，性、性感和性吸引力主要是在消费领域中获得的。尽管也具有互动性，但这种具身的性资本并不具有再生产性（这是在“动物欲望”被用来确保工人具有顺从性，或确保能够制造未来的工人的意义上而言的）。同样，这种具身的性资本也不能被简化为一种纯粹的商品，比如某种性产品或性服务——尽管它确实很可能包括这些。[108]相反，性感和性技巧是性品味的表达，是“性趣相投”的人们所共有的。与文化资本类似，具身的性资本建立在集体的、阶级性的价值体系之上。事实上，它反映了文化的日益性化过程，也即，性已经成为文化和自我的正常生产中一个重要组成部分。

现在，我们将更进一步地提出，性资本是特定的新自由主义“理想品质，如自主、自尊和自我表达能力”[109]的一个组成部分。而这些品质都与就业竞争力直接挂钩。就业竞争力指的是能够帮助人们在竞争激烈的就业市场中吸引到雇主的个人成就、技能和特质属性的集合。研究劳动的社会学家已经指出，在新经济形势下，私人领域和公共领域的界线已十分模糊。这就意味着，工人必须打造个人品牌。因此，雇员所出售的就不再只是劳动力，而是他们的整个存在本身（whole existential being）；他们也要能够从其存在中提取出经济价值。例如，当莉娜·邓纳姆[i]模糊传记和艺术创造之间的界线，利用她带有文身的裸体来扮演她的另一个自我汉娜（Hanna），从而创作出《都市女孩》（*Girls*）这样一部在全球范围内大获成功的电视剧时，她实际上是在利用她的性自我来生产文化商品，以便迎合创意阶层那种既有性意味又有专业性的惯习（habitus）。[110]更普遍地说，人们越来越需要建立自己的个人品牌，并不断为自己的就业竞争力投资。[111]为了取得更有利的地位，雇主会在雇佣合同中要求雇员不仅有得体的外表，还要有合适的态度。[112]在这里，我们可以合理推测，一个能够适应不可预知未来的、十分值得雇用（fully employable）的个体，必定具备充足的性资本（fully sexual）。

我们已经了解到，对于女性来说，性感和美貌可能会随时在工作中派上用场，而且，这并不局限于涉及美貌、性、魅力和时尚行业等展示类的工作中。[113]性感和美貌在常规类的工作岗位中也正在变得越来越重要。[114]但是，除了性感在工作场所中的货币化之外，性经历对就业又有何帮助呢？性经验有助于就业，这听起来似乎很荒谬。毕竟，性仍是一件非常

---

i　莉娜·邓纳姆（Lena Dunham，1986—　），美国作家、演员、导演、编剧和制片人，毕业于奥柏林学院。其自编自导自演的 HBO 电视剧《都市女孩》共六季，讲述了四个住在纽约的年轻女孩的故事，该剧系列从 2012 年开播，在 2017 年剧终。

私密之事。而且，在工作中的任何时候，我们都被期待表现出专业性，至少不应该开黄腔或者进行性骚扰。这么说来，性经验的私人领域和公共职业领域之间能有什么联系呢？

事实上，性和就业竞争力之间，的确可能存在着联系。为了更好地理解这一观点，我们在此仅给出四个可能的关联方向。它们都是理论性的，但应该都可以进行实证性调研。

性和就业竞争力之间的第一种可能关联是，性会增强性主体的自尊心，而自尊心会增加自信心，从而提高人的能力。达娜·卡普兰研究发现，在某种程度上，有过性经历或拥有社会规范之外的性生活方式，会让人感到自信，并且这种自信是可以被积累以备未来之用的。[115] 性和就业竞争力之间的第二个关联可能是，性行为表达了某种支配形式（这尤其体现在一夜情关系中，就像易洛思在《爱的终结》[*The End of Love*]中所表明的那样）。第三个关联是，性能够锻炼社交能力，而后者在服务型经济中是一项必备技能。我们知道，性接触需要人们掌握一定程度的社交能力，甚至是性诱惑力，而这些很容易被转移到劳动领域之中。

性和就业竞争力之间的最后一种关联可能是，美好的性生活会带来更高的工作满意度。一组研究人员通过调查研究了（婚内）性生活对人们工作满意度的影响，研究发现“雇员在前一晚每发生一次性行为，他们第二天工作时的心情愉悦分数就会增加5%”。[116]研究人员进一步指出：

> 那些在公司组织内部寻求晋升的员工，或是依靠自己的工作表现来创收的员工（例如，个体经营户或是签署合同的劳务人员），应该特别关注自己的性生活。每一次婚内性行为，似乎都会在第二天带给员工由情绪驱动的积极效益。[117]

如果前一天晚上的性生活可以对第二天的工作产生积极影响，我们就可以推测，性有助于增加经济收入。因此，我们就有理由认为，性经历与员工的就业竞争力之间又多了一层关联。

在提出性有助于员工的就业竞争力的观点时，我们又回到了**性感**和**主体性性体验**（subjective sexual experiences）的区别上来，而此前在我们讨论各种类型的性资本时，二者间的界线曾变得有些模糊。正如我们所见，作为性资本的性感（第三类性资本）在特定情况下可能使某些人拥有性权力（sexual power）。这类性资本的主要问题在于，它通常会随着时间的推移而消弭，对女性而言尤其如此。[118]这是因为，女性的经济价值和性价值主要由男性所构建，也是为了男性而构建的。此外，公开将性感商品化——即便是自愿的——仍然会受到严厉的社会和职场惩罚。[119]另一方面，**性体验**在本质上是自我所内在固有的；它们持久存在，并且并不从属于某一性别。虽然性体验通常是在他人的陪伴下发生的，但这些性体验和性遭遇直接影响了我们的性主体性，并且会留存于我们的记忆之中。不可否认的是，客观现实和主观经验之间的区别纯粹是理论化的。尽管如此，我们仍然认为，“性感”和“体验”是性资本的两个相互独立的方面。我们做出这种区分是想表明，在新自由主义的资本主义中，能够提高个体就业竞争力的，不仅仅是性吸引力，还有个人化的性体验。

我们认为，在现代晚期，除去性工作和性化劳动，以及作为一种消费生活方式（分别对应第二类和第三类性资本）外，性还可以通过其他方式转化为资本。新自由主义的性资本可以被当作个人所积累的与性相关的情感状态的总和，它们能够唤起人们的自我价值感和自我掌控感，那些关于冒险、独特、自我实现、创造力和雄心壮志的情感状态尤其如此。[120]这一系列与性有关的情感十分类似于皮埃尔·达尔多[i]和克里斯蒂安·拉瓦尔所说的“新自由主义的‘操演－享乐’装置”（“the neoliberal ‘performance/pleasure’ apparatus”），它会迫使

---

i 皮埃尔·达尔多（Pierre Dardot，1952—　），哲学家，研究黑格尔和马克思的学者，代表作是和社会学家克里斯蒂安·拉瓦尔（Christian Laval，1953—　）合著的《世界的新方式：论新自由主义社会》。

新自由主义的主体不断地追求享乐、进行新尝试以及发挥创造力。[121]

在性领域，新自由主义的操演－享乐装置主要被用于分析关于女性的性能动性这一性别议题。[122]的确，性能动性强、有权力的（年轻）“阿尔法精英”女性形象引发了公众的想象。这种公众话语直接将性能动性与职场上的成功联系了起来。Bumble 是一个鼓励（异性恋）女性“主动迈出第一步”的约会交友应用程序，以下是它的广告语：

> 如果你在大街上随机询问任何一个女人，她一定会清晰记得她曾经迈出的第一步。不，别想歪了，这里指的可不是她在幼儿学步时的那个第一步！我说的是那种“破题儿第一遭”的时刻，比如，四年级时，你需要在全班同学面前做展示。一开始，你感到压力很大，大脑好像快要化为一团糨糊。尽管如此，你还是完成了你的展示，并且取得了巨大的成功。这种时刻也可能发生在职场，例如，公司里的其他所有人都需要做项目展示，你也蠢蠢欲动，但不一会儿又会劝自己，你并不是这块料。但尽管如此，你还是去找上司申请进行展示，他同意了，接着，你震惊了所有人，包括你自己！同样，在约会中，你也会有这样难以迈出的第一步。你非常努力地想要给

他留下深刻的印象，但你又需要等他先主动吻你。除非他吻了你，否则你不会觉得自己成功了。但是，有时候，你只需要迈出第一步，主动吻他即可。你会对自己说："噢，见鬼！这就是我现在想要做的事情！"我们的生活就是由许多这样小小的第一步组成的。这就是我们创建Bumble的初衷。这是一个能够为女性赋能的社交平台，不管是在爱情、工作还是生活方面，我们鼓励女性积极地迈出第一步。所以，你还等什么，赶快下载Bumble，迈出第一步吧！Bumble，你的第一步。[123]

可以肯定的是，这段广告词描绘了一连串的事件，既有职场上的成功，也有性成功，并且影射了前者导向后者（而我们所提出的观点正好与之相反，即性成功会导向职场上的成功）。然而，这两方面的成就都是根据个人在实践中的冒险和机敏程度加以衡量的。因此可见，性可能会增强人的自信——然而，这几乎与女性的外貌完全无关，反而与胆量更加相关。在这里，职场领域和性领域的界线是暧昧的，二者无法完全分开。如此看来，Bumble将性视为一个操场，人们可以在此锻炼出他们所向往的那些"自主、自尊和自我表达能力"的新自由主义的理想品质。[124] Bumble的广告是它所属时代的产物。它迎合了一些快乐女权主义者的呼吁，也即，要重新定义性感，并去发展强大的性主体性。这种观点认为，“性感是一种存在方式，它是一种过程，而不是一笔财产”。[125]

这种将“性感”转移到我们所谓的“性体验”领域的女权主义思想，与我们对新自由主义的性资本的理解完全契合。但这种契合是自相矛盾的，这是因为，就在批判性的女权主义学者试图去颠覆基于外表的那种“性感”范式的同时，这种作为存在方式的“性感”开始产生了经济效益。

尽管存在 Bumble 式的性赋权，我们仍坚持认为，拥有性自主权、在性方面具有创造力和表现力，以及能够将以上这些转化为资本的能力，并不是性别化的。事实上，比起性别，阶级和阶级关系与这种类型的性资本的关联可能更大。因此，性经验和性互动对当前或未来就业竞争力的影响，已然具有阶级化特征。不断有研究证实，性活动是按照阶级来划分的。[126]这正是我们之前提出性资本是一种具身的文化资本（第三类性资本）时想要表达的。然而，现在，我们将提出一个更加激进的观点：只有**部分主体**可以从他们的性能力和性经验中获取经济回报。

大多数身体健全的人都不会在进行性活动时遭遇重大阻碍。然而，现实问题是，并非所有的性主体都能够将他们的性经验转化为有利的职业性格和就业技能。在大多数情况下，这条康庄大道仅开放给那些有中产阶级惯习的人。根据贝弗利·斯凯格斯的观点，中产阶级惯习使他们能够将自己展示为“一个优秀、有趣、大胆无畏、敢于冒险的人。选择了危险、冒险和风险，可能会提升中产阶级人士的个人交换价值，并加速他们的职场晋升之路”。[127] 在此，我们要注意个人特质的重要作用，即它有利于提升个体在就业市场上的交换价值。[128]

我们已经指出，中产阶级的惯习建立在独异性和敢于冒险这两点之上。我们还认为，性资本可以提高个人的就业竞争力。但是，中产阶级的惯习和与性资本相关的就业竞争力之间，究竟存在什么样的关联呢？阶级关系的再生产是通过日常互动——特别是那些在工作环境中发生的日常互动——来实现的。过去的中产阶级权威和特权，是在职场中建立和再生产的。[129] 然而在当下，拥有安稳工作和稳定职业发展道路的中产阶级变得越来越少，那么，又是什么构成了当今的中产阶级权威呢？在就业变得如此不稳定之际，中产阶级人士巩固权威的手段已所剩无几，他们所能倚靠的，只有他们固有的情感能力，以及我们的研究所关注的性唤醒（sexually roused）能力。

已经有大量的研究文献表示，新自由主义的主体是朝不保夕的自我经营者，必须要不间断地提升自己的就业竞争力。然而，几乎没有任何实证性的研究，能够按照我们指明的方向，真正将性和职场上的创业精神联系起来。不过，已有人指出，在当前的资本主义制度中，工作已经被情欲化成了一种个人自由与不可剥夺之事物。正如我们所见，“热情”导向的劳动模式甚至影响到了性工作。如今，独异性成了一种生产方式，而自我认同则成了生产的手段。[130] 性和性态已不再被单纯视为真实自我的隐藏内核，现在，它们已经被客体化为展现生活方式的商品，可提高的能力和技巧，个人交流的方式，通往幸福的道路，甚至是拥有创造力、经验和可操演的独异性（performable singularity）的证明。这种对性和性态的认识，已非常接近加里·道塞特（Gary Dowsett）的以下论点了：

> 在为性爱中的身体（bodies-in-sex）创造市场的过程中……在人们通过技术消费生产自我、单独或结伴在网上展示性行为、营销带有公开的性感的自我时，身体和性的日益商品化已经远远超越了简单的性商品和性服务的概念。这正说明了布雷弗曼（Braverman）关于资本主义商品化的看法是正确的，即资本主义商品化正持续不断地将生活的方方面面吸引到它的掌控之下。然而，在指明资本主义的商品化正朝着“文化、休闲和家庭生活”方向发展的同时，布雷弗曼并没能看到，性、性行为、性体验以及性活跃的身体的持续商品化。他同样没

> 能看到性自我市场的不断扩大，以及个体的性主体性会越来越多地被市场关系的逻辑所塑造。布雷弗曼也未能想象到这一过程中生产性的一面——生产快乐、冒险、社交性、创新、社会变革、沟通和联结……其中有趣的是自我的易变性：旧有的确定性被创造和探索取代，而这对于性和性别秩序而言是颠覆性的——自我认同常常在变化，今天是异性恋，明天可能就是双性恋；今天是性虐待狂，明天可能就是娘娘腔。通过选择我们的性别、性向和性偏好，我们将自身转变成了一种新产品，投入市场，期待他人的购买，回报则是快感的倍增。商品化是我们强烈性欲的必然代价，而性欲会像宇宙一样持续膨胀——这就是我们的欲望大爆炸理论（our very own Big Bang theory of desire）。[131]

在这篇长文中，道塞特认为，个人的性生活代表个人内在的、连贯的、固定不变的和独特的核心自我的这种观点，已经（不完全地）让位给了对性和性态的更具操演性的理解，即性和性态是社会建构的自我认同，但又具有流动性。我们同意道塞特的观点，认为某些性身份可能已经变得具有流动性了，并且性领域已经被商品化到了很高的程度，以至于个人的性快感、性身份认同和性经验都参与到了将自我营销为开放、自由和有能力的这一过程中来。然而，我们和他的研究方法之间有一处重要的不同。在写下“我们将自身转变成了一种新产品，投入市场，期待他人的购买，回报则是快感的倍增”时，道塞特有些语焉不详。从这方面而言，他仍然局限于性场域的研究方法，他所谓的“回报”指的是在**性场域内**，人们会获得更多的性接触和更大的社交成功。

此外，正如我们在导论中所说，大多数性学学者都倾向于去突出那些在某种程度上更具流动性、更少二元化的激进性身份（radical sexual identities）的出现所带来的解放或越界潜能。而我们则将其中一些激进性身份的极端自我商品化视为一种新自由主义劳动力形式和一种有极差的（differential）职场优势。这是因为，最近的调查发现，非二元性别（non-binary）的个体、性别酷儿群体，以及其他性别多样化（gender-diverse）人士，仍然在很多组织架构中遭受着种种社会歧视。在劳动力市场中尤其如此：有越来越多的证据表明，虽然企业在逐步实践“多样化”政策，但平均而言，跨性别者被雇用的可能性仍然较小；对某些性身份人士的工资克扣情况，也仍然没有实质性的改变；另外，工作环境仍欠缺包容性，因此有些人还是会被迫去遵循男女二元的社会性别规范。[132]

道塞特对性自我营销的理解，还仅限于我们前面所讨论的个体间的领域内。罗斯玛丽·亨尼西则更进一步，进入了更加结构化的工作生活和组织架构领域，雅克·比岱[i]也同样注意到了这一点。[133]亨尼西认为，非规范的性身份正日益成为一种资产，并被囊括到了特定知识和创意经济的生产之中。有些公司甚至会利用员工的同性恋身份来宣传其“多样化”政策。[134]然而，这与我们的论点并不完全相同。我们认为，如今中产阶级的就业竞争力取决于情感因素，而这些情感因素与性方面的自我赏识（sexual self-appreciation）息息相关。

从一系列关于大学校园性爱的研究中，我们可以了解到新自由主义的性资本是如何与中产阶级的就业竞争力以及更广泛的阶级结构相关联的。最近的一些研究表明，男女大学生在他们的本科学习阶段都会有计划地掌控他们的性关系（尽管在校园流行的约炮文化中，女性比男性更易受到负面影响）。[135]劳拉·汉密尔顿（Laura Hamilton）和伊丽莎白·阿姆斯特朗（Elizabeth Armstrong）对一所美国大学中的随意性行为现象进行了研究，她们发现，与那些来自下层阶级的学生有所不同，来自上层阶级的学生并不会选择长期的恋爱关系。[136]对于上层阶级的女学生而言，参与校园约炮文化能够让她们“玩得开心”，在心理上被赋能，最重要的一点是，这

i　雅克·比岱（Jacques Bidet，1935—　），法国当代哲学家，法国巴黎第十大学教授，主要从事马克思哲学和批判理论研究，代表作有《普遍理论：法律、经济和政治理论》《什么是资本论？重建的物质基础》《另一种资本主义》等。

会让她们将更多的时间用于学业和未来的职业规划上，而不是把情感和精力浪费在某位特定的男性身上。

我们已经论证过，在私人领域中得以协调和体验的性，也可以在经济领域中发挥作用，在不稳定的新自由主义的劳动力市场中尤其如此。[137] 这种观点不再视性领域为生产领域的辅助，而是认为这二者几乎无法区分。对性领域的这一定义既是经济维度的，也是非经济维度的——因此，它既类似又不同于布尔迪厄的观点。[138] 布尔迪厄的主要观点是，所有场域及其特定的资本都从属于权力场域。在他看来，经济资本是所有主观性的社会分类和生活可能（subjective social classifications and life chances）的基础，并且所有非经济维度的资本都可以转化为经济资本——反之则不然。[139] 然而，我们在提出新自由主义的性资本时则认为，并不存在布尔迪厄式的独立的性场域。

人们也许会问：我们的研究与凯瑟琳·哈基姆将性资本和情欲资本与就业市场联系起来的研究有什么不同？公平地说，哈基姆认为，性资本包括“精力、情欲想象和嬉戏玩闹”。[140] 这与我们所定义的新自由主义的性资本的确非常相似。然而，哈基姆提出的性资本主要是指女性的性感。与她有所不同的是，我们认为男性同样可以将他们的性感变为资本，并且性资本可以从性经验和性互动中获得，而不单单是从“性感的”外表中获取。最后，我们还认为，性资本的所有者不会在就业市场中有意识地去利用它来增加自己的经济资本，或者将其变现。能够带来就业竞争力的性资本并不是功利性的。相反，促使人们去积累或使用这类性资本的，并不是逐利行为，而是在阶级倾向灌输下形成的惯习。

第五章

结　论

过去，基督教将性限定在私人领域。但如今，我们已经进入了一个性自我被外化的时代；对性自我的表达虽然也发生在政治领域，但主要还是体现在消费行为之中。随着弗洛伊德主义的胜利，性自我不再被掩藏在公共自我之后。[1]对性自我的表达甚至不再是“寻找真正的自己”的自传式项目，而变成了一种不连续的系列表演，一种对个人“性身份的公开宣示”。[2]目前，大多数关于性的社会功能的批判性社会学研究，**要么**关注社会经济的不公正——这一方面与性和性态有关，另一方面与性的交换有关——**要么**关注性少数群体的边缘化和赋权。但事实上，只有当我们将性资本视为**既是**一种个人的内在感受，**又是**一种精神能量时，性资本才会于我们有利。这是因为，当人们大多处于短期的、基于项目绩效的工作中，又看不到明晰的工作结构、组织架构和连续性时，精神能量就可以作为权威的一种来源。

因此，我们在本书中提出的新自由主义的性资本理论，是一种有关性的激进政治经济学。[3]说它激进是因为，它挑战了一种普遍的观念，即认为性本质上是一件私事，它与社会生活空间的组织方式，尤其是宏观层面上的阶级关系无关。就这方面而言，我们与人力资本理论[i]学者的研究方法并不相同。人力资本学者关注个人对于各种促进就业的知识的投资，乍看之下，他们的关注重点似乎与我们有所重叠。他们同样关注个人拥有的、难以量化的各种就业技能：历史上，在福特主义阶级关系的鼎盛时期，正是这些资质增加了中产阶级在就业竞争中的筹码。同样，我们的理论也将具身属性与就业联系了起来。然而，与人力资本学者不同的是，我们并不假设存在这样一个理性的行为者，他能够有意识地利用自己的性魅力或“可操演的性身份”。[4]即便我们认为性资本是个体单独累积的，我们也未必需要对性资本采取一种经济学选择的研究方法。在那些对性行为采取理性、功利主义方法的研究模型中，行为者根据利益计算着资本投入；我们则认为，性远不止是个人试图最大化其资本的方式。[5]相反，我们还指出，性资本能更普遍地说明，在竞争异常激烈的就业市场中，中产阶级员工，特别是那些进行文化和创意劳动的从业者们，是如何利用各种隐性知识和内在能力——不一定需要经过正式培训或长时间学习才能获得——来增加自己的

---

i 人力资本理论（human capital theory）的代表学者有加里·S. 贝克尔（Gary Stanley Becker，1930—2014），贝克尔认为，当人们预期具有回报收益时，他们会理性地投资在自己的性吸引力上。他将其定义为一种健康资本，并认为这是个人资本的一种形式。

就业竞争力的。

我们认为，并不是仅当被统治阶级的性能力和劳动力被统治阶级剥削时，性才是资本——换句话来说，我们超越了那种将性资本视为身体的剩余价值的观点。我们同样不赞同部分经济学家将性资本看作纯粹的个人资产的观点，即认为性资本只在个体间的层面上，在私人或职场关系之中，由理性、自主的个人主体通过消费文化来加以使用和管理。[6]与此相反，正如我们在讨论第三类和第四类性资本时所表明的那样，新自由主义的性资本是阶级结构的一个组成部分，以至于性感甚至性知识技巧的审美符码都是具有性别化和阶级化特征的；而这恰是因为，它是个体在他们各自、日常的亲密生活中积累起来的。新自由主义的性资本能够形塑具有良好适应能力的工人，而他们的性欲仅限于其亲密关系和家庭内部消费的私人领域；不仅如此，新自由主义的性资本的前提假设是，只有特定的主体可以在工作场所中利用他们在私下享有的性自由——并能够将其转化为人力资本。也即，有些人能够通过发生性关系，获得自信和自我价值，从而提高就业竞争力。[7]

纵贯本书，我们一再强调性产业在资本积累中的重要作用。但性产业也只能部分地去解释，性是如何有利于巩固阶级结构的。是的，性的确可以买卖，性产业也极大地导致了

（主要是）贫穷女性和越来越多的中产阶级女性的屈从地位。然而，在当代文化中，性也是自由、自我实现、赋权和创造力的象征——这些同样是当代资本主义的理想，以及更重要的，人们工作生活的支柱。通过提出和展开新自由主义的性资本的概念，我们认真探讨了女权主义的一项长期主张，即再生产领域，或曰“生命本身”，直接参与了资本主义制度的维护和资本的创造。我们还可以更进一步，将一些主观性的技能和实践视为在“自我塑造”“热情洋溢”和创造性的工作生活中进行生产的直接方式。[8]新自由主义的性资本只是社会现实中的一个例子，它反映的是，以中产阶级为首的主体，**不限男女**，都必须去利用他们的生活世界和身份来帮助自己就业，在那些具有创造性的岗位中尤其如此。从这方面来说，性资本——一种涉及（通常是指女性的）性感或（通常是指男性的）性表现能力或两者兼而有之的情欲吸引力——的指涉已经有所扩大了；它已不单单是指在男女之间，以能够反映和再生产社会性别等级秩序的方式进行交换的事物。除此之外，性资本还涉及并影响了资本主义再生产的总体。

注　释

第一章　导论：性与社会学隐喻

1　此处指的是社会学家阿兰·卡耶（Alain Caillé）和弗雷德里克·范登堡（Frédéric Vandenberghe）在他们以下著作第一部分中的论点，参见 *For a New Classic Sociology: A Proposition, Followed by a Debate*, New York 2021。

2　Paul Rutherford, *A World Made Sexy: Freud to Madonna*, Toronto 2007.

3　Ranji Devadason, "Metaphor, Social Capital and Sociological Imaginaries," *Sociological Review* 59:3 (2011), 633–54; Richard Swedberg, "Using Metaphors in Sociology: Pitfalls and Potentials," *American Sociologist* 51 (2020), 240–57.

4　Elizabeth Bernstein, "Sex Work for the Middle Classes," *Sexualities* 10:4 (2007), 473–88; Emily Chang, *Brotopia: Breaking Up the Boys' Club of Silicon Valley*, New York 2018; Yu Ding and Petula Sik Ying Ho, "Sex Work in China's Pearl River Delta: Accumulating Sexual Capital as a Life Advancement Strategy," *Sexualities* 16:1–2 (2013), 43–60; Amin Kalaaji et al., "Female Cosmetic Genital Surgery: Patient Characteristics, Motivation, and Satisfaction," *Aesthetic Surgery Journal* 39:12 (2019), 1455–66.

5　参见达戈玛·赫索格（Dagmar Herzog）对欧洲性史的评论，特别是她对卡勒姆·布朗（Callum Brown）的著作 *The Death of Christian Britain*（2001 年）的评论，在这本书中，布朗认为，在 1800 年左右，发生了一种“虔诚的女性化过程。妇女代表她们的家庭成了宗教信仰的仲裁者和维护者，伴随妇女这一角色职责的是对女性在性方面谦逊和体面的强调。因此，女性身份就以对宗教与体面的双重拥护为基础建立起来”（Dagmar Herzog, “Sexuality in the Postwar West,” *Journal of Modern History* 78:1 (2006), 144–71，here 152–153）。

6 Catherine Hakim, *Erotic Capital: The Power of Attraction in the Boardroom and the Bedroom*, New York 2011, 6.

7 Catharine A. MacKinnon, “Feminism, Marxism, Method, and the State: Toward Feminist Jurisprudence,” *Signs: Journal of Women in Culture and Society* 8:4 (1983), 635–58.

8 Pantéa Farvid, Virginia Braun, and Casey Rowney, “‘No Girl Wants to Be Called a Slut!’: Women, Heterosexual Casual Sex and the Sexual Double Standard,” *Journal of Gender Studies* 26:5 (2017), 544–60; Sabino Kornrich, Julie Brines, and Katrina Leupp, “Egalitarianism, Housework, and Sexual Frequency in Marriage,” *American Sociological Review* 78:1 (2013), 26–50; Göran Therborn, *Between Sex and Power: Family in the World, 1900–2000*, New York 2004.

9 Surya Monro and Diane Richardson, “Citizenship, Gender and Sexuality,” in H. A. van der Heijden (ed.), *Handbook of Political Citizenship and Social Movements*, Cheltenham 2014, 65–80; Diane Richardson, “Sexuality and Citizenship,” *Sexualities* 21:8 (2018), 1256–60.

10 Monro and Richardson, “Citizenship, Gender and Sexuality,” 68.

11 同上。

12 Richardson, “Sexuality and Citizenship.”

13 同上。

14 Jyl Josephson, “Theoretical Perspectives on LGBTQ Movements,” in Wil-

liam R. Thompson (ed.), *Oxford Research Encyclopedia of Politics*, Oxford, 2020, https://doi.org/10.1093/acrefore/9780190228637.013.1303; Monro and Richardson, "Citizenship, Gender and Sexuality," 68–71. 对于"LGBTQ+"以外的、涉及非西方地区的各地状况和历史，并且更符合全球南方理论中的一些术语等，请参见 Surya Monro, "Sexual and Gender Diversities: Implications for LGBTQ Studies," *Journal of Homosexuality* 67:3 (2020), 315–24。关于欧洲语境中这方面的研究，可参见 Herzog, "Sexuality in the Postwar West"。

15 我们虽然这样论证，但也并不否认，重要的细微差别更加普遍地存在于酷儿理论之中。参见 Jasbir Puar, "Rethinking Homonationalism," *International Journal of Middle East Studies* 45:2 (2013), 336–9; Leticia Sabsay, "The Subject of Performativity: Between the Force of Signifiers and the Desire for the Real," *The Undecidable Unconscious: A Journal of Deconstruction and Psychoanalysis* 5:1 (2018), 155–91; Carter Vance, "Unwilling Consumers: A Historical Materialist Conception of Compulsory Sexuality," *Studies in Social Justice* 12:1 (2018), 133–51。

16 Stephen Valocchi, "Capitalisms and Gay Identities: Towards a Capitalist Theory of Social Movements," *Social Problems* 64:2 (2017), 315–31, here 316. 重要的一点是，"同性恋身份"只是被我们当作一系列其他新兴的性身份（包括性别与性向）的理想类型。BDSM、泛性恋（pan-sexuality）或无性恋 (asexuality)——仅举几例，它们都是些新兴的、流动的、定义不那么明确的性认同形式——正在逐渐固化为能够被社会理解和接受的性身份和性类别。此类无所不包的性 – 政治项目实际上会带来事与愿违的结果，有关这方面的深刻分析，还请参见 Sabsay, "The Subject of Performativity"。无性恋深嵌在新自由主义的资本主义之中，有关这一点的政治经济学分析，可参见 Vance, "Unwilling Consumers"。将酷儿流动性融入当代商品文化之中的研究，请参见 Rosemary Hennessy, *Profit and Pleasure: Sexual Identities in Late Capitalism*, New York 2000, 68–9 (in ch.4)。

17 有人提出，自 20 世纪 90 年代以来，性公民权利主张往往是朝着改良主义，而不是变革式的方向发展的。性权利改良主义者通常会“寻求融入主流之中”，他们想要以此来纠正任何由顺性别和异性恋政策所导致的一切不平等（Josephson, “Theoretical Perspectives on LGBTQ Movements,” 40）。

18 Puar, “Rethinking Homonationalism,” 337; Hennessy, *Profit and Pleasure*.

19 Richardson, “Sexuality and Citizenship”; Valocchi, “Capitalisms and Gay Identities”; Vance, “Unwilling Consumers.” 用罗斯玛丽·亨尼西的话来说，“由于压榨剥削本质上是一种不平等的社会关系（在这种社会关系中，一些人的利益获取，往往只能是以牺牲他人的利益为代价），所以，资本主义总是需要一些压迫性的文化方式来解释、证明这种差异或是使其变得合法化”。（参见 Hennessy, *Profit and Pleasure*, 90；另可参见本书第 103—104 页，以及 K. Duplan, “The Sexual Politics of Nation Branding in Creative Luxembourg,” *ACME: An International Journal for Critical Geographies* 20:3 (2021), 272–93。）

20 Lauren Mizock, Julie Riley, Nelly Yuen, T. Dawson Woodrum, Erica A. Sotilleo, and Alayne J. Ormerod, “Transphobia in the Workplace: A Qualitative Study of Employment Stigma,” *Stigma and Health* 3:3 (2018), 275–82.

21 Valocchi, “Capitalisms and Gay Identities,” 316. 在战后男女同性恋模式中纳入制度的不断变化，以及它们与不断变化的资本主义模式之间的关系方面，瓦洛奇（Valocchi）都进行了细致入微的研究论述。关于现代同性恋身份的起源以及它是如何与美国的工业资本主义的兴起相交织的相关方面的历史论述，可参见 John D’Emilio, *Sexual Politics, Sexual Communities: The Making of a Homosexual Minority in the United States, 1940–1970*, Chicago 1983。罗斯玛丽·亨尼西从消费主义和商品文化的视角探讨了这段历史。参见亨尼西的著作 *Profit and Pleasure,* 97–105。

22 Hennessy, *Profit and Pleasure*.

23 “生活方式化”过程一方面涉及非异性恋身份的可视性，另一方面，它也能促进特定的消费主义实践和与此实践相关的生活方式的流行。有关性政治的生活方式化方面的内容，请参阅 D. Bell and J. Binnie, *The Sexual Citizen: Queer Politics and Beyond*, London 2000 ，以及 T. M. Milani, “Sexual

Cityzenship: Discourses, Spaces and Bodies at Joburg Pride 2012," *Journal of Language and Politics* 14:3 (2015), 431–54。这一过程也会延伸到我们日常生活中的其他方面。

24 根据这种批评视角，丽莎·达甘（Lisa Duggan）首先提出："那种声称特定国家或主体是现代的观点，越来越依赖于即将到来或是业已到来的社会性别平等或性平等的论点主张。"（Clare Hemmings, "Resisting Popular Feminisms: Gender, Sexuality and the Lure of the Modern," *Gender, Place & Culture* 25:7 (2018), 963–77, 964； 也可参见 Lisa Duggan, *The Twilight of Equality? Neoliberalism, Cultural Politics and the Attack on Democracy*, Boston 2003；Tony H. Zhang and Robert Brym, "Tolerance of Homosexuality in 88 Countries: Education, Political Freedom, and Liberalism," *Sociological Forum* 34:2 (2019), 501–21。）

25 Puar, "Rethinking Homonationalism." 在后来的这篇文章中，贾斯比尔·普尔论证说，她最初的概念已经发生了意义迁移，现在，它已被重新包装，有时甚至遭到了人们的误解。最初，她是想解释民族自由主义的同性恋公民的概念是如何"流行起来并走向世界的，此外，这一概念也巩固了美国的帝国主义结构，因为它拥护的是性进步的多元文化主义，并以此作为借口来为其干预外国事务而辩护。例如，关于阿布格莱布（Abu Ghraib）监狱的照片既引发了人们为之辩护，也诱发了人们对其的谴责，这些不同的态度也都依赖于人们对穆斯林男性的性态采取的东方主义式的建构，即认为这种性态既是极度酷儿式怪异的，也带有危险的前现代性"（见第 336 页）。对同性恋民族主义概念的批判性评论，参见 Josephson, "Theoretical Perspectives on LGBTQ Movements"。

26 Gilly Hartal, "Gay Tourism to Tel-Aviv: Producing Urban Value?" *Urban Studies* 56:6 (2019), 1148–64. 贾斯比尔·普尔揭示了来自北半球的酷儿旅游是如何帮助创造出了"一种世界主义的酷儿精英"，他们从而借由这点巩固了全世界的同性恋身份。普尔还继续声称，男女同性恋游客想要让他们所在国家的性公民身份走向世界，不仅如此，这些游客身上还体现了性别酷儿群体在全球流动性和可见度上的种种表现形式，而它们都是以他者化南半球国家人民及其性现代化愿景为支撑依凭的。参见 Jas-

bir Puar, "Circuits of Queer Mobility: Tourism, Travel and Globalization," *GLQ: A Journal of Lesbian and Gay Studies* 8:1–2 (2002), 101–38。

27 Nancy Fraser, "Crisis of Care? On the Social–Reproductive Contradictions of Contemporary Capitalism," in Tithi Bhattacharya (ed.), *Social Reproduction Theory: Remapping Class, Recentering Oppression*, London 2017, 21–36, here 33; Hemmings, "Resisting Popular Feminisms," 967–8.

28 Fraser, "Crisis of Care?" 33.

29 Vance, "Unwilling Consumers," 138–9; Sabsay, "The Subject of Performativity."

30 David Harvey, "The Body as an Accumulation Strategy," *Environment and Planning D: Society and Space* 16:4 (1998), 401–21.

31 在这方面，我们受到了达戈玛·赫索格论点的影响，她强调，我们"不仅要对性权利，还要对性态本身"进行历史语境化处理（在我们的研究中，即是要进行一番社会学化处理）。（具体参见 Herzog, "Sexuality in the Postwar West," 161。）

32 Wendy Brown, "Neoliberalism's Frankenstein: Authoritarian Freedom in Twenty-First Century 'Democracies,'" *Critical Times* 1:1 (2018), 60–79, here 62.

33 Eva Illouz, *The End of Love: A Sociology of Negative Relations*, Oxford 2019; Pierre Dardot and Christian Laval, *The New Way of the World: On Neo-Liberal Society*, London 2013; Martijn Konings, *The Emotional Logic of Capitalism: What Progressives Have Missed*, Stanford 2015.

34 Brown, "Neoliberalism's Frankenstein," 62. 也可参见 Paul Beatriz Preciado, *Testo Junkie: Sex, Drugs, and Biopolitics in the Pharmacopornographic Era*, New York 2013, 207。

35 Steven Seidman, *Romantic Longings: Love in America, 1830–1980*, New York 1991, 67.

36 Eva Illouz, *Consuming the Romantic Utopia: Love and the Cultural Contra-*

dictions of Capitalism, Berkeley 1997; eadem, *The End of Love*; Hennessy, *Profit and Pleasure.*

37 Ken Plummer, "Sexual Markets, Commodification and Consumption," in George Ritzer (ed.), *The Blackwell Encyclopedia of Sociology,* vol. 9, Oxford 2007, 4250–2, here 4250–1.

38 参见 Dana Kaplan, "Porn Tourism and Urban Renewal: The Case of Eilat," *Porn Studies* 7:4 (2020), 459–73。

39 Feona Attwood, *Mainstreaming Sex: The Sexualization of Western Culture,* London 2009; Illouz, *The End of Love*; Preciado, *Testo Junkie.*

40 Andreas Reckwitz, "The Society of Singularities," in Doris Bachmann-Medick, Jens Kugele, and Ansgar Nünning (eds.), *Futures of the Study of Culture: Interdisciplinary Perspectives, Global Challenges,* Berlin 2020, 141–54, here 143.

41 同上，第 145 页。

42 Stephen Maddison, "Beyond the Entrepreneurial Voyeur? Sex, Porn and Cultural Politics," *New Formations* 80–1 (2013), 102–18; Alyssa N. Zucker and Laina Y. Bay-Cheng, "Me First: The Relation between Neoliberal Beliefs and Sexual Attitudes," *Sexuality Research and Social Policy* 18:7–8 (2020), 1–7.

43 Dana Kaplan, "Sexual Liberation and the Creative Class in Israel," in Nancy Fisher, Steven Seidman, and Chet Meeks (eds.), *Introducing the New Sexuality Studies*, Oxford 2016, 363–70; Stephen Shukaitis and Joanna Figiel, "Knows No Weekend: The Psychological Contract of Cultural Work in Precarious Times," *Journal of Cultural Economy* 13:3 (2020), 290–302.

44 Michèle Lamont, "From 'Having' to 'Being': Self-Worth and the Current Crisis of American Society," *British Journal of Sociology* 70:3 (2019), 660–707.

45 Breanne Fahs and Sara I. McClelland, "When Sex and Power Collide: An Argument for Critical Sexuality Studies," *Journal of Sex Research* 53:4

(2016), 392–416.

46 同上，第 408 页。我们很想了解性与权力之间是如何交织碰撞的，在这一过程中，我们也循着薇薇安娜·泽利泽（Viviana Zelizer）在其关于市场与密切关系社会逻辑间的相互渗透的开创性研究中的路径。正如泽利泽所说，在各种各样的人际关系中，性领域和经济交易领域是共存的。性工作很显然是这样，最重要的是，在更为持久和广泛的长期浪漫（和其他）关系中，也都是如此。正是由于二者之间存在这种经常性的交集，人们才会不断寻求泽利泽所称的“良配”：我们不断地努力使我们的经济能力和亲密关系相互匹配，以此来维持我们的亲密关系。“人际关系是如此重要，以至于人们努力地想要将人际关系与合宜的经济活动形式，以及与这些关系相应特征的明确标志相联系起来”（详见第 307 页）。择偶或人际关系中的匹配相当是一种持续性、交互性的日常实践。这种匹配不仅仅取决于我们对匹配相称（appropriateness）一词文化上的理解——一般是基于亲密程度或亲密类型来划分的，它还取决于人们所处的阶级、种族和其他的社会地位（详见第 307 页）。具体请参见 Zelizer, V. A. (2006). “Money, power, and sex,” *Yale Journal of Law & Feminism,* 18(1), 303–315。

第二章　性自由和性资本

1 Faramerz Dabhoiwala, “Lust and Liberty,” *Past & Present* 207:1 (2010), 89–179, here 156.

2 同上，第 179 页；也可参见 Stevi Jackson and Sue Scott, “Sexual Antinomies in Late Modernity,” *Sexualities* 7:2 (2004), 233–48。

3 Adam Isaiah Green, “Introduction: Toward a Sociology of Collective Sexual Life,” in idem (ed.), *Sexual Fields: Toward a Sociology of Collective Sexual Life,* Chicago 2014, 1–24, here 7.

4 Illouz, *The End of Love.*

5 Pierre Bourdieu, *The Rules of Art: Genesis and Structure of the Literary Field*, Stanford 1996.

6 Max Weber, "Religious Rejections of the World and Their Directions" [1915], in Hans Gerth and C.Wright Mills（eds.）, *Max Weber: Essays in Sociology,* New York 1958, 323–59,here 346.

7 同上，第 347 页。

8 参见 Jeffrey Weeks, *Sexuality and Its Discontents*, London 1985, 12；Georg Simmel, "The Adventure," in Kurt H. Wolff (ed.), *Essays on Sociology, Philosophy and Aesthetics*, New York 1959, 243–58。

9 参 见 Rosalind Ann Sydie, "Sex and the Sociological Fathers," *Canadian Review of Sociology/Revue canadienne de sociologie* 31:2 (1994), 117–38。

10 尽管论证方法非常不同，但在这方面最值得注意的研究有 Anthony Giddens, *The Transformation of Intimacy: Sexuality, Love and Eroticism in Modern Societies*, Stanford 1992，以及 Michel Foucault, *The History of Sexuality*, vol. 1: *An Introduction*, London 1976。也可参见 John Levi Martin and Matt George, "Theories of Sexual Stratification: Toward an Analytics of the Sexual Field and a Theory of Sexual Capital," *Sociological Theory* 24:2 (2006), 107–32, here 126。

11 Eva Illouz, *Why Love Hurts: A Sociological Explanation*, Cambridge 2012.

12 Werner Sombart, *Der Bourgeois: Zur Geistesgeschichte des modernen Wirtschaftsmenschen* (1913), as quoted in John Levi Martin, "Structuring the Sexual Revolution," *Theory and Society* 25:1 (1996), 105–51, here 151. 桑巴特论文的德语原文版，见 https://visuallibrary.net/ihd/content/pageview/307093?query=keusch。

13 Herbert Marcuse, *One-Dimensional Man: Studies in the Ideology of Advanced Industrial Society* [1964], New York 2013.

14 Andrew Sayer, "Moral Economy and Political Economy," *Studies in Political Economy* 61:1 (2000), 79–103, here 79.

15 Ben Fine, "From Bourdieu to Becker: Economics Confronts the Social Sciences," in Philip Arestis and Malcolm C. Sawyer(eds.), *The Rise of the Market: Critical Essays on the Political Economy of Neo-Liberalism,* Chel-

tenham 2004, 76–106, here 77；可比较参考 Thomas Piketty, *The Economics of Inequality,* Cambridge, MA 2015。

16 Geoffrey M. Hodgson, "Conceptualizing Capitalism: A Summary," *Competition & Change* 20:1 (2016), 37–52; See Laurent Thévenot, "You Said 'Capital'? Extending the Notion of Capital, Interrogating Inequalities and Dominant Powers," *Annales: Histoire, Sciences Sociales*, 70:1 (2015), 65–76.

17 Thévenot, "You Said 'Capital' ?"

18 Sayer, "Moral Economy and Political Economy," 94.

第三章　什么是性资本?

1 Valerie Traub, "Making Sexual Knowledge," *Early Modern Women* 5 (2010), 251–9, here 253.

2 Also Stevi Jackson and Sue Scott, *Theorizing Sexuality*, Maidenhead 2010, 139; Deborah L. Tolman, Christin P. Bowman, and Breanne Fahs, "Sexuality and Embodiment," Deborah L. Tolman and Lisa M. Diamond (eds.) , *APA Handbook of Sexuality and Psychology*, Washington, DC 2014, 759–804, here 760.

3 Janet Halley, *Split Decisions: How and Why to Take a Break from Feminism,* Princeton 2006. 这一定义与盖尔·鲁宾著名的"心理性别 / 社会性别体系"的定义十分类似，后者指的是"一套社会协定安排，通过这种协定安排，人类的性和生育的生物学原始材料，会被人类自己和社会的干预所形塑，并且会以一种传统的方式得到满足"。(Gayle Rubin, "The Traffic in Women: Notes on the 'Political Economy' of Sex," in Rayna R. Reiter (ed.), *Toward an Anthropology of Women*, New York 1975, 159–210, here 166.)

4 David M. Halperin, "What Is Sex For?" *Critical Inquiry* 43:1 (2016), 1–31.

5 Halley, *Split Decisions*, 24；也可参见 Tamsin Wilton, "What Is Sex? Asking the Impossible Question," in eadem, *Sexual (Dis)Orientation*, London

2004, 54–75, here 56。

6 Rachel Wood, "Look Good, Feel Good: Sexiness and Sexual Pleasure in Neoliberalism," in Ana Sofia Elias, Rosalind Gill, and Christina Scharff (eds.), *Aesthetic Labour: Rethinking Beauty Politics in Neoliberalism*, London 2017, 317–32.

7 Emily H. Ruppel, "Turning Bourdieu Back upon Sexual Field Theory," *Sexualities* 16 (2020), https:// doi.org/10.1177%2F1363460720976958.

8 Lisa Duggan, "The New Homonormativity: The Sexual Politics of Neoliberalism," in Russ Castronovo Dana D. Nelson, and Donald E. Pease (eds.), *Materializing Democracy: Toward a Revitalized Cultural Politics*, Durham 2002, 175–94; Claire Hemmings, "Affective Solidarity: Feminist Reflexivity and Political Transformation," *Feminist Theory* 13:2 (2012): 147–61, doi: 10.1177/1464700112442643; Jackson and Scott, "Sexual Antinomies in Late Modernity"; Eve Ng, "A 'Post-Gay' Era? Media Gaystreaming, Homonormativity, and the Politics of LGBT Integration," *Communication, Culture & Critique* 6:2 (2013), 258–83; Rob Cover, *Emergent Identities: New Sexualities, Genders and Relationships in a Digital Era*, Routledge 2018; Héctor Carrillo and Amanda Hoffman, "'Straight with a Pinch of Bi': The Construction of Heterosexuality as an Elastic Category among Adult US Men," *Sexualities* 21.1:2 (2018), 90–108.

9 可比较参考 Gayle Rubin, "Thinking Sex: Notes for a Radical Theory of the Politics of Sexuality" [1984], in Carol S. Vance (ed.), *Pleasure and Danger: Exploring Female Sexuality*, Boston 1984, 267–319 以及 Monique Mulholland, "When Porno Meets Hetero: SEXPO, Heteronormativity and the Pornification of the Mainstream," *Australian Feminist Studies* 26:67 (2011), 119–35。也可参见 Feona Attwood and Clarissa Smith, "Leisure Sex: More Sex! Better Sex! Sex Is Fucking Brilliant! Sex, Sex, Sex, SEX," in Tony Blackshaw (ed.), *Routledge Handbook of Leisure Studies*, New York 2013, 325–36; Nancy L. Fischer, "Seeing 'Straight': Contemporary Critical Heterosexuality Studies and Sociology: An Introduction," *Sociological Quarterly* 54

(2013), 501–10; Jackson and Scott, "Sexual Antinomies in Late Modernity"; Steven Seidman, "Critique of Compulsory Heterosexuality," *Sexuality Research and Social Policy* 6:1 (2009), 18–28。

10 Karl Marx, *Capital*, vol. 1, Mineola 2019.

11 Rubin, "The Traffic in Women," 161.

12 Fine, "From Bourdieu to Becker," 79.

13 Hodgson, "Conceptualizing Capitalism," 43–4.

14 同上，第 43 页。

15 同上，第 44 页。

16 Thévenot, "You Said 'Capital' ?" 66–9.

17 Pierre Bourdieu, "The Forms of Capital," in John G. Richardson (ed.), *Handbook of Theory and Research for the Sociology of Education*, New York 1986, 241–58.

18 参见 Eva Illouz, *Saving the Modern Soul: Therapy, Emotions, and the Culture of Self-Help*, Berkeley 2008; Michéle Lamont, *Money, Morals, and Manners: The Culture of the French and the American Upper-Middle Class*, Chicago 1992。

19 Hodgson, "Conceptualizing Capitalism," 44；也可参见 Fine, "From Bourdieu to Becker," 79。

20 Anthony M. Endres, and David A. Harper, "Capital in the History of Economic Thought: Charting the Ontological Underworld," *Cambridge Journal of Economics* 44:5 (2020), 1069–91.

21 Thévenot, "You Said 'Capital' ?" ; Mike Savage, Alan Warde, and Fiona Devine, "Capitals, Assets, and Resources: Some Critical Issues," *British Journal of Sociology* 56:1 (2005), 31–47.

22 Thévenot, "You Said 'Capital' ?" 70. 通过这种协调模式，洛朗・泰弗诺想

表明，不同的社会活动、行动者和对象被排序、组合及调节的方式，可能是有利可图的。它包括具体的组织原则、运行逻辑，以及社会行动在其中得以发生的领域。市场就是这样一种巨大的社会协调模式；家庭也是如此；而网络可能会是第三种、更为流行的（社会）协调模式。换言之，协调模式是一种特定的行事方式，也是社会秩序总体的一个组成部分：它是投资、传输和交换的特定方式，也是评估特定场域的某些特定实践的方式。这就是为什么在泰弗诺看来，有很多类型的资本都不能被简化为经济的、基于市场的资本。

23 Scott Davies and Jessica Rizk, "The Three Generations of Cultural Capital Research: A Narrative Review," *Review of Educational Research* 88:3 (2018), 331–65; Gloria Kutscher, "Studying Diversity at Work from a Class Perspective: An Inductive and Supra-Categorical Approach," in Sine Nørholm Just, Annette Risberg, and Florence Villesèche (eds.), *The Routledge Companion to Organizational Diversity Research Methods*, New York 2020, 216–27.

24 Sam Friedman and Aaron Reeves, "From Aristocratic to Ordinary: Shifting Modes of Elite Distinction," *American Sociological Review* 85:2 (2020), 323–50.

25 Beverley Skeggs, "The Forces that Shape Us: The Entangled Vine of Gender, Race and Class," *Sociological Review* 67:1 (2019), 28–35.

26 Jon Beasley-Murray, "Value and Capital in Bourdieu and Marx," in Nicholas Brown and Imre Szeman (eds.), *Pierre Bourdieu: Fieldwork in Culture*, Lanham 2000, 100–19; Savage et al., "Capitals, Assets, and Resources."

27 参见 Rachel L. Cohen, "Types of Work and Labour," in Gregor Gall (ed.), *Handbook on the Politics of Labour, Work and Employment*, Cheltenham 2019, 261–80; Alan Sears, "Body Politics: The Social Reproduction of Sexualities," in Tithi Bhattacharya (ed.), *Social Reproduction Theory: Remapping Class, Recentering Oppression*, London 2017, 171–91。

第四章　性资本的分类：四种类型的性资本

1　Fraser, “Crisis of Care?”

2　Illouz, *The End of Love.*

3　同上；马丁和乔治也强调了这一点，可参见“Theories of Sexual Stratification”。

4　在现代之前，有关性态的社会建构以及对其进行的细致入微的历史分析，可参见 Dabhoiwala, “Lust and Liberty”; Daniel Juan Gil, *Before Intimacy: Asocial Sexuality in Early Modern England*, Minneapolis 2006；也可参见 Satu Lidman et al. (eds.), *Framing Premodern Desires: Sexual Ideas, Attitudes, and Practices in Europe*, Amsterdam 2017。

5　Michel Feher, “Self-Appreciation; or, The Aspirations of Human Capital,” *Public Culture* 21:1 (2009), 21–41.

6　Joanna Brewis and Stephen Linstead, *Sex, Work and Sex Work: Eroticizing Organization*, London 2000, 197.

7　Dabhoiwala, “Lust and Liberty.”

8　见本书第 60—73 页。

9　Feher, “Self-Appreciation,” 23f. 薇薇安娜·泽利泽将此称为“敌对世界”（“hostile worlds”）信仰，她认为，“将个人的亲密关系与任何经济交易相结合，都会不可避免地破坏亲密关系，而如果亲密关系干扰到商业活动，那么这些商业活动也会被破坏”（泽利泽，第 305 页）。

10　Lauren Berlant and Michael Warner, “Sex in Public,” *Critical Inquiry* 24:2 (1998), 547–66, here 553; Gail Hawkes, *Sociology of Sex and Sexuality*, Buckingham 1996; Hennessy, *Profit and Pleasure*, 95; Thomas Laqueur, “Sex and Desire in the Industrial Revolution,” in Patrick K. O’Brien and Roland Quinault (eds.), *The Industrial Revolution and British Society*, Cambridge 1993, 100–23.

11 Rubin, "Thinking Sex," 281–2.

12 Sheila Jeffreys, *The Industrial Vagina: The Political Economy of the Global Sex Trade*, London 2009.

13 Bernard Mandeville, *The Fable of the Bees; Or, Private Vices, Public Benefits* [1714], Glasgow 2019.

14 Dabhoiwala, "Lust and Liberty," 112–15.

15 Feher, "Self-Appreciation," 24.

16 参见 Tithi Bhattacharya (ed.), *Social Reproduction Theory: Remapping Class, Recentering Oppression*, London 2017 中的相关章节；也可参见 Rhonda Gottlieb, "The Political Economy of Sexuality," *Review* of *Radical Political Economics* 16:1 (1984), 143–65；Kylie Jarrett, "The Relevance of 'Women's Work'：Social Reproduction and Immaterial Labor in Digital Media," *Television & New Media* 15:1 (2014), 14–29。

17 Silvia Federici, *Caliban and the Witch: Women, the Body and Accumulation*, New York 2004.

18 Antonio Gramsci, "Americanism and Fordism," 出处同前，*Selections from the Prison Notebooks*, edited and translated by Quintin Hoare and Geoffrey Nowell Smith, New York 1971, 558–622。

19 Claudia von Werlhof, "Notes on the Relation between Sexuality and Economy," *Review (Fernand Braudel Center)* 4:1 (1980), 33–42, here 38. 也可参见 Dardot and Laval, *The New Way of the World*, 185–7；Sears, "Body Politics"。

20 Jeffreys, *The Industrial Vagina.*

21 Rubin, "The Traffic in Women," 199.

22 Hakim, *Erotic Capital*；也可参见 Roy F. Baumeister, Tania Reynolds, Bo Winegard, and Kathleen D. Vohs, "Competing for Love: Applying Sexual Economics Theory to Mating Contests," *Journal of Economic Psychology* 63 (2017), 230–41.

23 Green, "Introduction" ; Adam Isaiah Green, "The Sexual Fields Framework," in idem (ed.), *Sexual Fields: Toward a Sociology of Collective Sexual Life*, Chicago 2014, 25–56; Valerie Hey, "The Contrasting Social Logics of Sociality and Survival: Cultures of Classed Be/Longing in Late Modernity," *Sociology* 39:5 (2005), 855–72; Ruppel, "Turning Bourdieu Back upon Sexual Field Theory." 在接下来的几页论述中，我们将讨论性场域的研究方法，并会在本章后续部分再回到对其的讨论之中。

24 Green, "Introduction," 28.

25 关于性场域研究中的规模问题，参见 Ruppel, "Turning Bourdieu Back upon Sexual Field Theory"。

26 Tom Inglis, "Foucault, Bourdieu and the Field of Irish Sexuality," *Irish Journal of Sociology* 7:1 (1997), 5–28.

27 Willard Waller, "The Rating and Dating Complex," *American Sociological Review* 2:5 (1937), 727–34.

28 Green, "Introduction"; idem, "The Sexual Fields Framework"; Inglis, "Foucault, Bourdieu and the Field of Irish Sexuality."

29 Martin S. Weinberg and Colin J. Williams, "Sexual Field, Erotic Habitus, and Embodiment at a Transgender Bar," in Adam Isaiah Green (ed.), *Sexual Fields: Toward a Sociology of Collective Sexual Life,* Chicago 2014, 57–70.

30 Green, "The Sexual Fields Framework," 47.

31 Ashley Mears, *Very Important People: Status and Beauty in the Global Party Circuit*, Princeton 2020.

32 Plummer, "Sexual Markets, Commodification and Consumption."

33 Rachel O'Neill, *Seduction: Men, Masculinity and Mediated Intimacy,* Cambridge 2018.

34 Baumeister et al., "Competing for Love," 231.

35 Dana Kaplan, *Recreational Sexuality, Food, New Age Spirituality: A Cultural Sociology of Middle-Class Distinctions*, PhD Dissertation, Hebrew University of Jerusalem, 2015; eadem, "Sexual Liberation and the Creative Class in Israel."

36 参见 Baumeister et al., "Competing for Love"。

37 Feher, "Self-Appreciation."

38 Kaplan, *Recreational Sexuality, Food, New Age Spirituality*; eadem, "Sexual Liberation and the Creative Class in Israel."

39 同上。

40 Feher, "Self-Appreciation"; Hey, "The Contrasting Social Logics of Sociality and Survival"; Kaplan, *Recreational Sexuality, Food, New Age Spirituality.*

41 Faramerz Dabhoiwala, *The Origins of Sex:A History of the First Sexual Revolution,* Oxford 2012, 181.

42 同上，第 232 页。

43 但是，还请参见 Peter Gay, *The Bourgeois Experience: Victoria to Freud,* New York 1984, 133。

44 Hera Cook, *The Long Sexual Revolution: English Women, Sex, and Contraception, 1800–1975*, Oxford 2004.

45 同上，第 65 页。

46 Sigmund Freud, "'Civilized' Sexual Morality and Modern Nervous Illness" [1908], in idem, *Sexuality and the Psychology of Love: With an Introduction by Philip Rieff*, New York 1963, 20–40; Martin, "Structuring the Sexual Revolution," 127.

47 Cook, *The Long Sexual Revolution.*

48 Freud, "'Civilized' Sexual Morality and Modern Nervous Illness."

49 Martin, "Structuring the Sexual Revolution," 115.

50 Gramsci, “Americanism and Fordism.”

51 Lisa R. Pruitt, “Her Own Good Name: Two Centuries of Talk about Chastity,” *Maryland Law Review* 63 (2004), 401–539, here 423.

52 Cohen, “Types of Work and Labour.”

53 *The Report of the Commission on Obscenity and Pornography,* September 1970, 18–19, https://babel.hathitrust.org/cgi/pt?id=mdp.39015036875279&view=1up&seq=37.

54 Joseph W. Slade, “Pornography in the Late Nineties,” *Wide Angle* 19:3 (1997), 1–12.

55 参见 Ross Benes, “Porn Could Have a Bigger Economic Influence on the US than Netflix,” June 20, 2018, https://finance.yahoo.com/news/porn-could-bigger-economic-influence-121524565.html。

56 数据源于 https://www.pornhub.com/insights/2019-year-in-review。

57 Harvey, “The Body as an Accumulation Strategy,” 406.

58 Jeffreys, *The Industrial Vagina*; Linda McDowell, *Working Bodies: Interactive Service Employment and Workplace Identities*, Oxford 2009. 历史上一个典型的例子是，在波多黎各，根据流行的性别化、等级化和种族殖民逻辑，“生育领域与卖淫领域”被严格区分开来，可参见 Preciado, *Testo Junkie*, 182–185。

59 Plummer, “Sexual Markets, Commodification and Consumption.”

60 Barbara G. Brents and Kathryn Hausbeck, “Marketing Sex: US Legal Brothels and Late Capitalist Consumption,” *Sexualities* 10:4 (2007), 425–39.

61 Dana Kaplan, “Recreational Sex Not-at-Home: The Atmospheres of Sex Work in Tel Aviv,” in Brent Pilkey et al. (eds.), *Sexuality and Gender at Home: Experience, Politics, Transgression*, London and New York 2017, 216–231.

62 Brents and Hausbeck, “Marketing Sex,” 433.

63 同上，第 434 页。

64 Paul Ryan, *Male Sex Work in the Digital Age: Curated Lives*, New York 2019, 130.

65 Teela Sanders, "'It's Just Acting': Sex Workers' Strategies for Capitalizing on Sexuality," *Gender, Work, and Organization* 12:4 (2005): 319–42, here 322. Also, Zelizer pp. 308–310.

66 Brewis and Linstead, *Sex, Work and Sex Work*, 197, 233.

67 Bernstein, "Sex Work for the Middle Classes."

68 参见 Thévenot, "You Said 'Capital' ?"。

69 Feher, "Self-Appreciation," 30.

70 Kavita Ilona Nayar, "Sweetening the Deal: Dating for Compensation in the Digital Age," *Journal of Gender Studies* 26:3 (2017), 335–46; Franklin G. Mixon, "Sugar Daddy U: Human Capital Investment and the University-Based Supply of 'Romantic Arrangements,'" *Applied Economics* 51:9 (2019), 956–71. Zelizer, pp. 310–311.

71 Cohen, "Types of Work and Labour."

72 Akiko Takeyama, *Staged Seduction: Selling Dreams in a Tokyo Host Club*, Stanford 2016, xv.

73 这并不是说时尚行业就没有性暴力，也不是说"真正的"时装模特就不会遭遇到性虐待事件。近年来，这些问题也渐次露出了水面。相关研究可参见 S. Hennekam and D. Bennett, "Sexual Harassment in the Creative Industries: Tolerance, Culture and the Need for Change," *Gender, Work & Organization* 24:4 (2017), 417–34。

74 Mears, *Very Important People*, 110.

75 同上，第 112 页。

76 同上，第 116 页。

77 同上。

78 "The Sex Export," *Independent*, Sunday, August 21, 2001.

79 Michel Houellebecq, *Interventions*, Paris 1998, n.p. 对于维勒贝克著作中性竞争作用的类似分析，请参见 Niall Sreenan, "Universal, Acid: Houellebecq's Clones and the Evolution of Humanity," *Modern & Contemporary France* 27:1 (2019), 77–93；Carole Sweeney, *Michel Houellebecq and the Literature of Despair*, London 2013；James Dutton, "Houellebecq, Pornographer? Monstration and the Remains of Sex," *Critique: Studies in Contemporary Fiction* (2020), 1–13. doi:10.1080/00111619.2020.1858748。

80 Waller, "The Rating and Dating Complex."

81 Martin and George, "Theories of Sexual Stratification," 108; Adam Isaiah Green, "Erotic Habitus: Toward a Sociology of Desire," *Theoretical Sociology* 37 (2008), 597–626; idem, "The Sexual Fields Framework."

82 Ruppel, "Turning Bourdieu Back upon Sexual Field Theory."

83 Inglis, "Foucault, Bourdieu and the Field of Irish Sexuality."

84 James Farrer, "A Foreign Adventurer's Paradise? Interracial Sexuality and Alien Sexual Capital in Reform Era Shanghai," *Sexualities* 13:1 (2010), 69–95, here 75.

85 参见 Sirin Kale, "50 Years of Pickup Artists: Why Is the Toxic Skill Still so in Demand," *Guardian*, November 5, 2019, https://www.theguardian.com/lifeandstyle/2019/nov/05/pickup-artists-teaching-men-approach-women-industry-street-harassment。

86 Zing Tsjeng, "Men Are Still Spending Obscene Amounts of Money to Become Pick-Up Artists," June 15, 2018, https://www.vice.com/en/article/gyk37y/pickup-artist-study-rachel-oneill-seduction-book; Neil Strauss, *The Game: Penetrating the Secret Society of Pickup Artists*, New York 2005.

87 Green, "Introduction," 39.

88 Lisa Wade, "Doing Casual Sex: A Sexual Fields Approach to the Emotional Force of Hookup Culture," *Social Problems* 68:1 (2021), 185–201, here 187.

89 同上。

90 Ruppel, "Turning Bourdieu Back upon Sexual Field Theory."

91 Emma Phillips, "'It's Classy Because You Can't See Things': Data from a Project Co-Creating Sexy Images of Young Women," *Feminist Media Studies* 2020, 1–16, here 8, doi: 10.1080/14680777.2020.18 38597.

92 同上，第9页。关于"资产阶级凝视"，参见Beverley Skeggs, "Imagining Personhood Differently: Person Value and Autonomist Working-Class Value Practices," *Sociological Review* 59:3 (2011), 496–513, here 496。

93 Illouz, *Saving the Modern Soul*; eadem, *The End of Love*; William Mazzarella, "Citizens Have Sex, Consumers Make Love: Marketing Kama Sutra Condoms in Bombay," in Brian Moeran (ed.), *Asian Media Productions*, Richmond 2001, 168–96.

94 Lindy McDougall, *The Perfect Vagina: Cosmetic Surgery in the Twenty-First Century*, Bloomsbury 2021.

95 Ruth Lewis, Cicely Marston, and Kaye Wellings, "Bases, Stages and 'Working Your Way Up': Young People's Talk about Non-Coital Practices and 'Normal' Sexual Trajectories," *Sociological Research Online* 18:1 (2013), para 5.2.

96 Rosalind Gill, "Mediated Intimacy and Postfeminism: A Discourse Analytic Examination of Sex and Relationships Advice in a Women's Magazine," *Discourse and Communication* 3:4 (2009), 345–69; Elizabeth Goren, "America's Love Affair with Technology: The Transformation of Sexuality and the Self over the 20th Century," *Psychoanalytic Psychology* 20:3 (2003), 487–508.

97 Gill, "Mediated Intimacy and Postfeminism."

98 参见 Elizabeth A. Armstrong, Paula England, and Alison C. K. Fogarty, "Accounting for Women's Orgasm and Sexual Enjoyment in College Hookups and Relationships," *American Sociological Review* 77:3 (2012), 435–62。

99 Hawkes, *Sociology of Sex and Sexuality*, 95.

100 Illouz, *Saving the Modern Soul.*

101 Jennifer Scanlon, "Sexy from the Start: Anticipatory Elements of Second Wave Feminism," *Women's Studies* 38:2 (2009), 127–50.

102 Gill, "Mediated Intimacy and Postfeminism"; Rosalind Gill and Christina Scharff (eds.), *New Femininities: Postfeminism, Neoliberalism, and Subjectivity*, London 2011; Melissa Tyler, "Managing between the Sheets: Lifestyle Magazines and the Management of Sexuality in Everyday Life," *Sexualities* 7:1 (2004), 81–106.

103 Margot Weiss, *Techniques of Pleasure: BDSM and the Circuits of Sexuality*, Durham 2011, 76.

104 Adam Arvidsson, "Netporn: The Work of Fantasy in the Information Society," in K. Jacobs, M. Janssen, and M. Pasquinelli (eds.), *C'LICK ME: A Netporn Studies Reader*, Amsterdam 2007, 69–76: 70; Hennessy, *Profit and Pleasure*, 94–110.

105 Preciado, *Testo Junkie*, 33.

106 Gail Dines, "'I Buy It for the Articles' : Playboy Magazine and the Sexualization of Consumerism," in Gail Dines and Jean M. Humes (eds.), *Gender, Race, and Class in Media: A Critical Reader*, Thousand Oaks 1995, 254–62; Preciado, *Testo Junkie*; Kaplan, *Recreational Sexuality, Food, New Age Spirituality.*

107 参见 "Sex Toys Market Size, Share & Trends Analysis Report," https://www.grandviewresearch.com/industry-analysis/sex-toys-market。

108 接续我们在上一节中所提供的例子，"BDSM"性虐恋实践者，可能会消费性商品，例如特殊性爱装备和性调教的培训工作坊等。

109 Rosemary Crompton, "Class and Employment," *Work, Employment and Society* 24:1 (2010), 9–26, here 21.

110 Maria San Filippo, *Provocauteurs and Provocations: Screening Sex in 21st Century Media*, Bloomington 2021, 171–2; Christopher Lloyd, "Sexual Perversity in New York?" in M. Nash and I. Whelehan (eds), *Reading Lena Dunham's Girls*, Cham 2017, 197–207, https://doi.org/10.1007/978-3-319-52971-4_14; Rosalind Gill, "Afterword: Girls: Notes on Authenticity, Ambivalence and Imperfection," in M. Nash and I. Whelehan (eds), *Reading Lena Dunham's Girls*, Cham 2017, 225–42.

111 Jane Artess, Tristram Hooley, and Robin Mellors-Bourne, "Employability: A Review of the Literature 2012 to 2016—A Report for the Higher Education Academy," ERIC 2017, https://eric.ed.gov/?id=ED574372; Ilana Gershon, *Down and Out in the New Economy: How People Find (or Don't Find) Work Today*, Chicago 2017.

112 Peter Bloom, "Fight for Your Alienation: The Fantasy of Employability and the Ironic Struggle for Self-Exploitation," *Ephemera: Theory & Politics in Organizations* 13:4 (2013), 785–807, here 796.

113 Ashley Mears, *Pricing Beauty: The Making of a Fashion Model*, Berkeley 2011; eadem, *Very Important People*.

114 Scott Freng and David Webber, "Turning Up the Heat on Online Teaching Evaluations: Does 'Hotness' Matter?" *Teaching of Psychology* 36:3 (2009), 189–93; Catherine Hakim, "Erotic Capital," *European Sociological Review* 26:5 (2010), 499–518; eadem, "Erotic Capital, Sexual Pleasure, and Sexual Markets," in Osmo Kontula (ed.), *Pleasure and Health: Nordic Association for Clinical Sexology* (Conference Proceedings), Helsinki 2012, 27–44, http://nacs.eu/data/nacs_final_sec_edit_web.pdf; Chris Warhurst and Dennis Nickson, "'Who's Got the Look?' Emotional, Aesthetic and Sexualized Labour in Interactive Services," *Gender, Work and Organization* 16:3 (2009), 385–404.

115 Kaplan, *Recreational Sexuality, Food, New Age Spirituality;* eadem, "Sexual

Liberation and the Creative Class in Israel."

116 Keith Leavitt, Christopher Barnes, Trevor Watkins, and David Wagner, "From the Bedroom to the Office: Workplace Spillover Effects of Sexual Activity at Home," *Journal of Management* 45:3 (2019), 1173–92, here 1185.

117 同上，第 1186 页。

118 Illouz, *The End of Love.*

119《纽约时报》的一篇报道称，在新型冠状病毒肺炎（COVID-19）大流行引起的 2020 年度经济危机期间，那些丢了工作的女性会诉诸"OnlyFans"这样的网络性交易平台来谋生。一位受访者表示，她很担心的一点是，她在该平台上的露脸会使她在未来更难以被那些传统的工作岗位聘用。"如果你正想寻找一份朝九晚五的工作，那么，要是他们发现你有一个'OnlyFans'账号，他们可能就不会聘用你，"她还说，"他们可能并不想雇用一位性工作者。"（https:// www.nytimes.com/2021/01/13/business/onlyfans-pandemic-users.html）

120 Kaplan, *Recreational Sexuality, Food, New Age Spirituality*; eadem, "Sexual Liberation and the Creative Class in Israel."

121 Dardot and Laval, *The New Way of the World*, 312.

122 Zucker and Bay-Cheng, "Me First."

123 参见 https://www.haaretz.co.il/digital/podcast/PODCAST-1.9388997。

124 Crompton, "Class and Employment," 21.

125 Sheila Lintott and Sherri Irvin, "Sex Object and Sexy Subjects: A Feminist Reclamation of Sexiness," in Sherri Irvin (ed.), *Body Aesthetics*, Oxford 2016, 299–318, here 310.

126 Chang, *Brotopia*; Alfred C. Kinsey, Wardell B. Pomeroy, and Clyde E. Martin, *Sexual Behavior in the Human Male*, Philadelphia 1948; Elisabeth Sheff and Corie Hammers, "The Privilege of Perversities: Race, Class and Education among Polyamorists and Kinksters," *Psychology and Sexuality* 2:3

(2011), 198–223.

127 Beverley Skeggs, "The Making of Class and Gender through Visualizing Moral Subject Formation," *Sociology* 39:5 (2005), 965–82, here 971.

128 也可参见 Hey, "The Contrasting Social Logics of Sociality and Survival"。

129 Jacques Bidet, *Foucault with Marx*, London 2016, 138.

130 Lisa Adkins and Celia Lury, "The Labour of Identity: Performing Identities, Performing Economies," *Economy and Society* 28:4 (1999), 598–614; Lisa Adkins, "Sexuality and Economy: Historicisation vs. Deconstruction," *Australian Feminist Studies* 17:37 (2002), 31–41; Hennessy, *Profit and Pleasure*; Hemmings, "Affective Solidarity."

131 Gary W. Dowsett, "The Price of Pulchritude, the Cost of Concupiscence: How to Have Sex in Late Modernity," *Culture, Health and Sexuality* 17:S1 (2014), 5–19, 12.

132 参 见 Catherine J. Abe and Louise Oldridge, "Non-Binary Gender Identities in Legislation, Employment Practices and HRM Research," in Stefanos Nachmias and Valery Caven (eds.), *Inequality and Organizational Practice*, Cham, 2019, 89–114; Robin C. Ladwig, "Proposing the Safe and Brave Space for Organisational Environment: Including Trans* and Gender-Diverse Employees in Institutional Gender Diversification," *Gender in Management: An International Journal* (2021), doi: 10.1108/GM-06-2020-0199; Danielle C. Lefebvre and José F. Domene, "Workplace Experiences of Transgender Individuals: A Scoping Review," *Asia Pacific Career Development Journal* 3:1 (2020), 2–30; M. I. Suárez, G. Marquez-Velarde, C. Glass, and G. H. Miller, "Cis-Normativity at Work: Exploring Discrimination against US Trans Workers," *Gender in Management: An International Journal* (2020), https://doi.org/10.1108/GM-06-2020-0201; Sean Waite, John Ecker, and Lori E. Ross, "A Systematic Review and Thematic Synthesis of Canada's LGBTQ2S+ Employment, Labour Market and Earnings Literature," *PloS One* 14:10 (2019), e0223372。

133 Hennessy, *Profit and Pleasure*; Bidet, *Foucault with Marx.*

134 Adkins, "Sexuality and Economy."

135 参见 Wade, "Doing Casual Sex"。

136 Laura Hamilton and Elizabeth A. Armstrong, "Gendered Sexuality in Young Adulthood: Double Binds and Flawed Options," *Gender and Society* 23:5 (2009), 589–616.

137 Kaplan, *Recreational Sexuality, Food, New Age Spirituality*; Markella B. Rutherford, "The Social Value of Self-Esteem," *Society* 48:5 (2011), 407–12.

138 我们的理论受惠于布尔迪厄的特定场域资本理论，但有所不同。根据布尔迪厄的理论，在这些场域中，当成为强大参与者的能力垄断在少数人手中时，人们就很难获得特定场域的资本形式。这种积累起来的资本最终可能会产生普遍性的社会效益。然而，我们认为，对性资本采用布尔迪厄式的研究方法，更适合用来解释系统性不平等的支配统治、合法化和自然化过程。对布尔迪厄来说，虽然经济资本很重要，但他的著作也详细指出了非经济维度的资本是如何在社会阶级之间划定象征性边界的，并且，通过这样划定边界，这些非经济维度的资本得以再生产统治阶级的象征性力量和实际的权力。换句话来说，布尔迪厄的理论是一种阶级支配理论。布尔迪厄更广泛的研究计划，是想要仔细去研究探讨这些非经济优势（即资本）对于阶级结构的再生产的运作机制。这种方法的前提假设是，文化和经济，或者说再生产领域和生产领域是彼此独立的（参见 Kaplan, *Recreational Sexuality, Food, New Age Spirituality*）。但是，正如我们在整本书中所论述的那样，在现代晚期，即使从批判的角度来看，这种预设前提也是很难成立的。而这一点，也同样改变了性资本的内涵。

139 也可参见 Floya Anthias, "Hierarchies of Social Location, Class and Intersectionality: Towards a Translocational Frame," *International Sociology* 28:1 (2013), 121–38, here 122。

140 Hakim, *Erotic Capital*, 22.

第五章　结　论

1　Illouz, *Saving the Modern Soul.*

2　Goren, "America's Love Affair with Technology," 497.

3　Sayer, "Moral Economy and Political Economy."

4　Adkins, "Sexuality and Economy," 38.

5　参见 Baumeister et al., "Competing for Love"; Edward Laumann, John Gagnon, Robert Michael, and Stuart Michaels, *The Social Organization of Sexuality: Sexual Practices in the United States*, Chicago 1994, 8–15。

6　参见 Baumeister et al., "Competing for Love"; Gary Becker, *Accounting for Tastes,* Cambridge, MA 1996, 4–5, 7; Hakim, *Erotic Capital*; Outi Sarpila, "Attitudes towards Performing and Developing Erotic Capital in Consumer Culture," *European Sociological Review* 30:3 (2013), 302–14。

7　Kaplan, *Recreational Sexuality, Food, New Age Spirituality.*

8　Angela McRobbie, *Be Creative: Making a Living in the New Culture Industries*, Cambridge, MA 2016, 61.

致　谢

本书中，达娜·卡普兰的研究部分得到了以色列科学基金会（资助项目号 1560/18）和以色列开放大学研究项目的资助支持。她也特此感谢罗伊·赞德（Roy Zunder）和罗娜·马什阿科（Rona Mashiach）为其研究所提供的宝贵支持。

谨将本书献给艾拉（Ella）及盖尔（Gal）。

译后记

翻译本书是我第二次亲密接触其中一位作者伊娃·易洛思的作品，上一次是在两年前翻译《冷亲密》之际，后者的中文版也已于今年春天与读者朋友见了面。几年的新冠疫情阴霾已然散去，再译易洛思难免有种老友相见的熟稔和感念。以下将就本书的两位作者和《性资本》中的主要内容做一番简述，是为后记。

易洛思是一名高产的作家，也是法兰克福学派社会批判理论的继承者，这位于摩洛哥出生的社会学家的学术足迹遍布世界各地，如法国、德国、美国、以色列等等。目前，著作等身的易洛思执教于以色列希伯来大学社会学及人类学系以及巴黎社会科学高等研究学院（EHESS）。易洛思曾获以色列最高科学荣誉奖 E.M.E.T 奖，并受封法兰西最高荣誉的法国荣誉军团（Legion d'Honneur）骑士勋章，代表作有《消费浪漫乌托邦》(1997)、《苦难的魅力》(2003)、《冷亲密》(2007)、《爱，为什么痛》(2012)以及《爱的终结》(2019)等等。易洛思也是我所钦慕的一位明星学者，作为社会学与人类学教授，她多年来一直深耕当代人的情感领域研究，二十余年来一直细致梳理“爱的社会学”。她的著作既充满哲思洞见又不乏切近时代的枚举实例，备受读者喜爱，易洛思也因此同玛莎·努斯鲍姆和托马塞洛等人一起，被德国《明镜》周刊誉为“世界上最有影响力的12位思想家之一”。新近出版的这本《性资本》是易洛思和达娜·卡普兰的合著作品。卡普兰是一位文化社会学家，专攻性别研究及以色列的中产阶级文化研究等领域，她主要执教于以色列开放大学的社会学系，也在希伯来大学参与研究工作。

本书结构脉络清晰，共分五章，首尾两章是概述性章节，第一章对性与社会学隐喻做了一番概览，中间三章分别围绕性资本术语中两个基本概念、什么是性资本，以及性资本的四种类型一一展开。第四章是全书的重点章节，两位作者所提出的四种性资本类型分别是：默认的性资本——贞洁；作为身体的剩余价值的性资本——性交易；具身的性资本——性感；新自由主义的性资本——它与个人的就业竞争力息息相关。要之，卡普兰和易洛思在本书中揭示了在新自由主义的当代市场中，性、经济价值和社会不平等之间存在错综复杂的关系。通过读译这本书，我个人最感兴趣的是第四类新自由主义的性资本，它讲述了个人所拥有或积累的性资本，与阶级倾向的灌输及未来的就业竞争力之间具有的紧密关联。这一范畴的性资本不免让人联想到布尔迪厄的“区隔”理论及其对文化资本、社会资本及惯习等的定义。简单来说，文化资本和社会资本与阶级趣味和阶级倾向息息相关，这些资本形式都可以很容易地转化为经济资本，而反向的转换运行则不那么容易。

上野千鹤子曾在《始于极限：女性主义往复书简》这本与铃木凉美写信对谈的书中表示，她对凯瑟琳·哈基姆所创造的概念“情色资本”（erotic capital，也译作情欲资本）持批判态度，因为不同于经济资本、文化资本（学历等）和社会资本（资源、人脉等），情色资本不能通过努力来获得和积累。上野认为，女性的性资本会随着年龄增长而减少，而且其价值是被单方面评估的，评价标准往往还掌握在并非女性的评估者手中。虽然哈基姆的“情色资本”与本书中的“性资本”有相似之处，但哈基姆、上野女士和本书两位作者三方对性资本的态度是截然不同的。哈基姆对情色资本是持褒扬、乐观态度的，她认为，女性可以像使用文化资本一样将情色资本转化成利于自己的优势，这也是与上野对谈的、曾在夜世界做过性工作者的铃木凉美女士所持的观点。本书作者对性资本概念的立场是持中的，哈基姆和上野等人对这一概念的谈论契合的是本书中性资本的第二类范畴。毫无疑问，这一范畴的性资本与阶级状况紧密相关，铃木女士也并非日本社会中的普通工人阶级。对于我们普通人而言，直接进行货币转化的性资本毕竟较为少见，然而，就业竞争力则与当今时代作为“社会打工人”的男男女女有着莫大关系，在新自由主义的就业市场中，掌握了一定程度的这类性资本就意味着拥有了相应的就业“软实力”，它能对普通人的就业起到锦上添花的作用。然而，本书两位作者也警醒读者，这类性资本的分布也是不均匀的，并非所有人都可以利用他们的性资本来提升其就业竞争力。相信不同的读者在阅读这部分时自会有各自不同的体悟。

本人素知译事并非易事，一向对翻译常怀敬畏之心、如履薄冰。翻译中时有困惑，但因自身水平有限，疏漏错讹处定难免，尚希读者朋友和大方之家批评指正并多加海涵，本书意见反馈邮箱为 lilywang_nju@163.com。最后，我特别感谢本书的编辑卢老师和张老师，在联络前期和翻译过程中，卢老师给予了我充裕的时间和充分的信任，在修改和校对过程中，张老师给了我很多细致的修改意见，感谢她们做书时的严谨态度和联络之间的耐心、热情与友善。也愿这本小书成为我们三校友之间愉快合作的一份纪念，希望它能早日付梓、受到读者大众的喜爱。

译者

于南京

2022 年写

2023 年修改

图书在版编目（CIP）数据

何谓“性资本”：关于性的历史社会学 /（以）达娜 · 卡普兰,（法）伊娃 · 易洛思著；汪丽译 . -- 上海：上海三联书店, 2024. 12. -- ISBN 978 - 7 - 5426 - 8646 - 6

Ⅰ. Q111.2；C912.1

中国国家版本馆 CIP 数据核字第 2024MP5594 号

何谓“性资本”：关于性的历史社会学

［以］达娜 · 卡普兰　［法］伊娃 · 易洛思 著
汪丽 译

责任编辑 / 宋寅悦
选题策划 / 后浪出版公司
出版统筹 / 吴兴元
编辑统筹 / 郝明慧
特约编辑 / 张昊悦　卢安琪
装帧制造 / 墨白空间 · 张萌
内文制作 / 郭爱萍
责任校对 / 张大伟
责任印制 / 姚　军
出版发行 / 上海三联书店
（200041）中国上海市静安区威海路 755 号 30 楼
邮　　箱 / sdxsanlian@sina.com
邮购电话 / 编辑部：021-22895517
发行部：021-22895559
印　　刷 / 河北中科印刷科技发展有限公司
版　　次 / 2024 年 12 月第 1 版
印　　次 / 2024 年 12 月第 1 次印刷
开　　本 / 889mm × 1194mm 1/32
字　　数 / 81 千字
印　　张 / 4.625
书　　号 / 978-7-5426-8646-6/C · 651
定　　价 / 49.80 元